大众儒学经典 家训家礼

郭淑新 ◎ 编著

女四书读本

中国人民大学出版社
·北京·

编委会

丛书顾问（按年龄排序）

成中英　王殿卿　牟钟鉴　刘示范　李存山
张　践　林安梧　王中江　黄玉顺　颜炳罡
干春松

丛书编委

主　编　赵法生
副主编　韩　星　陈杰思
编　委（按姓氏笔画排序）
纪华传　杨朗天　时　亮　罗容海　柳河东
袁晓晶　郭淑新　梁　枢　焦绪霞　解光宇

总　序

回归大众是当代儒学的天命

赵法生

进入 21 世纪以来，一股全国性的大众儒学热潮从各地涌起，成为当代中国最值得关注的文化事件。这波儒学热的兴起自然不是无本之木，它既是儒学被人为压抑摧折一个多世纪后的强力反弹，又反映了转型社会对于道德底线失守的焦灼，更是古老的儒家传统在国家现代转型的历史背景下，重新探寻自己的社会定位以图返本开新的努力。因此，无论着眼于历史还是现实，大众儒学的兴起都具有重要意义。

一、大众儒学的历史渊源

从社会学存在的角度分析，传统中国的儒学存在形态包括朝廷儒学、士大夫儒学和民间儒学三部分。朝廷儒学具有较强的政治色彩，主要是政治儒学；士大夫儒学重在阐释儒家道统；民间儒学面向社会大众，重在化民成俗，是教化大众的儒学。民间儒学的政治色彩较淡，也不太关注理论体系的建构，它关心的是人伦日用和生活践履。如果说作为一个学派的儒家的诞生是儒教国家建构的逻辑起点，儒学普及化和大众化的完成则是儒教中国形成的现实标志。在历史上，朝廷儒学、士大夫儒学和民间儒学既相互影响，又彼此有别，构成了彼此间复杂的张力关系。

在传统中国，儒学的大众化与民间化有一个长期的历史发展过程。《礼记·学记》说："古之教者，家有塾，党有庠，术有序，国有学。"孔颖达认为："周礼：百里之内，二十五家为间，同共一巷。巷首有门，门边有塾。"已经有学者指出，将普及化的塾庠制度推到三代的说法，多半是为了突出儒家教学制度的悠久性，并不完全符合历史事实。三代之时，学在官府，"六经"皆为王官典藏秘籍，王官之学是学在君侯与学在世卿，教育与大众无缘。西周礼乐虽然文质彬彬，极一时之盛，却同样"礼不下庶人"。

儒学走向大众的历史转折点是孔子在民间开创私学。在王官之学衰微的历史背景下，孔子开始民间讲学，首次将原先被禁锢于庙堂之上、作为王官贵族特权的六艺之学传播到民间。孔子的民间讲学无疑是大众儒学的历史起点，它在儒学发展史上具有三方面的重要意义。

首先，孔子的私学拆除了贵族与平民之间的教育壁垒，开创了大众儒学的先声。孔门教育以有教无类著称，来到孔门受教的，有世卿官贵、富商巨贾、贩夫走卒、无业游民等，以至于时人感叹："夫子之门何其杂也！"孔子之前的王官之学属于贵族之学，诗书礼乐高雅非凡，却是"此曲只应天上有，人间哪得几回闻"。它们出现伊始就被封锁在贵族的深宅大院之中，无由进入寻常百姓家，社会也因此而划分为有教养的贵族和没有教养的群氓两部分，前者为"君子"而后者为"小人"。然而，随着一位圣贤的到来，这一文化的壁垒被打破了。儒学本来是属于贵族的，但是，现在它开始走向平民，并在民间社会找到了更为深厚的土壤。从此，"君子"与"小人"从以是否拥有官爵来区分，变成以是否具有德行来区分。在朝衮衮诸公可以是"小人"，贫寒如颜回者也可以称"君子"。儒学深入民间使得过去的"野人"（周代与"国人"相对）也具备了高雅的贵族气质。孔子是中华文明史上最重要的一位拆墙者，他拆掉了那道古老的墙，将礼乐文明的清流引入民间的沃土。

其次，孔子的私学在官学之外培育了一个致力于传道授业的师儒阶层，该阶层成为儒学走向大众的主导力量。孔子去世后，子夏设教于西河，曾子设教于武城，其他门徒也在各地继续推广儒学。汉代以后逐渐形成了覆盖全社会的儒家教化体系，使儒学成为全民性的人生指南与信仰，此举对于中华文明的意义，堪与基督教之形成对于西洋文明的意义相媲美。

最后，孔子不仅将文化的火种传播到民间，而且通过创立儒家学派，革新了王官之学的精神，为它注入了新的灵魂。礼乐文明内涵丰富，孔子特别注重者有二：一是仁，二是礼。如果说周公之时礼乐制度已经大备，那么仁学的开创无疑是孔子对于中国文化的重大贡献。孔子强调仁，意在启发人人本具的仁爱之心，从而将西周礼乐文明落实到心性层面，仁爱的实践又始于孝悌谨信，乃人人可知、可悟、可学、可行的人伦之道，由此行忠恕絜矩之道，推己及人，达于天下。我们看孔子在《论语》中教人，不讲高深道理，所谈都是日常生活中为人处世之道，随机点化，循循善诱，启发觉悟，再辅之以礼乐熏陶，使人在日生日成的修习中改变气质，涵养品德，成为君子。这样一种教育方式，由于从最基本的孝悌之道开始，合乎人心，贴近生活，便成功地将贵族的王官之学平民化、大众化。此为中国文化自周代以来的一大转折，它将高雅的贵族文化普及到民间大众，开创了中国文化的儒家化时代，孟子说"人皆可以为尧舜"，荀子说"涂之人可以为禹"，便是从心性角度对于儒学普遍性与大众性的最好说明。因此，孔子开创儒学，实现了礼乐文明的精神自觉，不仅开创了中华文化的师儒时代，同时也开辟了儒家文化的大众化时代。

　　儒家学派的创立，完成了由道在王官向道在师儒的转化，将君师合一的文化格局演进为君师为二，但这仅仅是一个伟大文化进程的开端，这一进程的最终目标是道在大众。如果说汉唐是儒学主体地位的形成时期，宋代则是儒学继续向民间扩展，并形成一系列大众教化体系的关键时期。大众儒学体系到宋代臻于完备，科举制度的发展催生了大量民间私塾，使得"古之教者，家有塾，党有庠，术有序，国有学"说法接近现实。据统计，到1935年年底，晚清政府下达取缔私塾的诏书三十多年后，全国依然有私塾101 027所，由此可以想见当年私塾盛极一时的情景。朱熹在司马光《书仪》的基础上完成《朱子家礼》，为家礼的推广普及奠定了基础；北宋蓝田吕氏乡约的创立，开创了以儒家道德为基础组织乡村自治的治理模式，使得儒家组织基层社会的功能更加制度化。明代泰州学派的民间讲会，标志着儒学民间化的继续深入。此后，明清两代都在推广和发展乡约制度，以至于近代梁漱溟的乡村建设试验的主旨，依然是"本古人乡约之意来组织乡村"。

大众儒学的另一重要方面是儒学与民间信仰的结合，逐渐形成了民间社会具有儒家色彩的信仰体系。无论是祖神崇拜还是土地神、关帝、山神、河神等英雄和自然神崇拜，都是制度化的民间信仰，用以解决乡民对于超验世界的追求，可以视为大传统向民间小传统渗透的案例。

基本教义的普及化与大众化是任何一个文明都要完成的工作，但路径并不相同。与基督教和佛教等制度化宗教不同，儒家采取的私塾、乡约等多种教化形式，的确显示了儒家教化的弥散性，但其最终目的同样是儒学义理的大众化，而且这些看上去颇为弥散的教化形式同样是富有成效的，因为它们是源自民间的，也是富有生机与活力的。以乡学、乡约、家礼、家谱、家教和乡土信仰为主干的大众儒学，遍布于传统中国的基层社会，那些在大传统看来不起眼的私塾先生、乡绅和民间宗教的组织者，甚至那些不识字的乡村老大爷和老太太，由于在数千年间深受儒家礼乐文明的熏陶，也在不知不觉中成为生活中的"儒教徒"，躬行并传播着儒家的人生观，以至于在传统文化的传播体系已经式微的今天，我们依然可以在乡间那些年逾古稀的老人身上,看到诚朴、敦厚、礼让的君子风范,真可谓"礼失而求诸野"了。

二、大众儒学的近代挫折

近代以降,知识界在救亡与启蒙的双重压力下,对于儒学的批判日渐严厉,经过一次次激烈反传统运动的打压摧残,到"文化大革命"期间,不仅儒家思想被彻底否定,儒家在社会上的传播体系也被连根拔起。近代思想界全面否定儒学,基于如下一个基本认知:儒家思想与民主科学不能两立,进而把儒家的人伦道德与自由、平等和人权完全对立起来,必欲打倒前者来建立后者。这其中包含着不小的误解。自由、平等是政治权利,它与儒法互补后产生的三纲之说的确矛盾,但与儒家的基本人伦如父子有亲、夫妇有别、长幼有序、朋友有信以及礼、义、廉、耻等道德规范并不必然矛盾。比如,我和我爷爷同为中华人民共和国的公民,从政治权利上讲是平等的,但在家族辈分上又是不平等的。如果说我给我爷爷鞠个躬就侵犯我的人权了,这实在是笑话,是不同社会界域的错乱和混淆,这种错乱和混淆对于中国近代思想产生了深远影响。

其实,儒家的历史观并没有"文化大革命"中所批判的那样保守。它区分历史文化中的变与常:常是历史中不变的根基,犹如静水流深;变是历史中可变的成分,比如具体典章制度。仁、义、礼、智、信"五常",可以说是儒家的核心价值观,也就是儒家的常道。在儒家看来,五常是历史中永恒不变的,但五常之根本,又在于一个"仁"字,其他四德都是仁的展开,五常八德不外是仁的实现。另外，仁也是儒家文化汇通民主、自由、平等思想的有效媒介，民本是孔子仁学的重要原则之一，民本固然不是民主，但是，绝不能说它背离民主，与民主不能相容，民主的实现在很大程度上可以确保民本目标的实现。古人说仁通四海、义通天下，仁正是中华文明守常达变、融通中外的思想原点。

可是，近代思想界对于儒学的批评，没有区分儒家义理中的变道与常道，也没有区分儒学在不同社会层面之间的差异。那种以偏概全的全面批判，否定了儒家思想中所包含的普适性的道德规范，却忽视了本来应该重点反思清理的对象，其结果对于儒学和中华文化都是灾难性的。就儒学的三种不同社会存在形态而言，汉以后的朝廷儒学与君主专制的联系最为密切，的确与民主法治无法兼容，应该彻底否定，至于士大夫儒学就要复杂得多。汉以后的士大夫儒学，既有与君主专制相妥协的一面，又有试图用儒家道统制约和范导君权的一面，二者呈现出颇为复杂的关系，不仅汉代儒者董仲舒如此，历代真儒者也大多如此。另外，尽管部分儒家士大夫已经被体制化而丧失了君子的人生理想，但是，仍有相当一部分士大夫坚持儒家的道统与人格操守，构成了鲁迅所说的中国的脊梁。近代以来对于士大夫精神的否定和士大夫阶层的整体消亡，使得民族文化的脊梁遭受毁灭性打击。至于民间儒学，则主要是道德礼俗和民间信仰。传统民间社会具有悠久的自治传统，民间儒学也是三个构成部分中沾染法家式的专制气息最少的部分，它是民间社会自组织的精神动力,也是维护民间正常文化生态和社会生态的关键要素。它们就像是广袤大地上的草丛与灌木,尽管生来就缺乏高大上的外观,却是礼、义、廉、耻这些基本人伦底线的真正捍卫者。如果将它们也作为"反动"的东西彻底铲除,随之而来的只能是基层社会难以避免的文化荒漠化。

不幸的是,这正是近代以来中国文化遭遇的现实情境。本来应该进行的对于传统文化的理性反思,被"打倒孔家店"这样一句情绪化的口号所替代,进而演化为十年"文化大革命"中对于传统文化扒祖坟式的全面破坏。在"文化大革命"结束之后转向市场经济时,由于没有了基本伦理道德规范的支撑,没有了君子人格和士大夫阶层对于道义的坚守,没有了民间儒家教化体系的引导和护持,加以社会法制不健全,市场法则便犹如脱缰的野马,肆无忌惮地闯入了一切社会领域,金钱至上也成为在不同领域畅行无阻的至上法则。现代转型尚未完工,道德底线已然崩解,基本人伦价值的瓦解和人生规范的丧失,将生活变成人与人的战争,使社会陷入了无义战的"春秋困境",社会上的每一个人都在咀嚼着这一苦果。这也使得社会文化领域里的真正建设成为不可能,因为文化的地基出现了严重问题。

三、大众儒学的未来发展

对于近代以来儒学悲剧性命运成因的分析,同时也就为儒学在当代的复兴启示了可能的方向。辛亥革命推翻了两千年的帝制,使得朝廷儒学失去了存在的基础,而士大夫阶层在剧烈的社会变革中集体消亡，也使得士大夫儒学不可避免地发生转变。三者之中，唯一继续存在的主体是社会大众。传统儒家士大夫既要得君行道，又要觉民行道。但是，由于君主制的废除，政教分离已经成为现代社会普遍承认的原则，得君行道的历史空间已经丧失，而觉民行道则成了儒学复兴的主战场。因此，大众儒学已经无可避免地成了新时期儒学复兴的重心，士大夫儒学与大众儒学在新的历史形势下重新组合，是当代儒学复兴运动的必然要求。站在两千五百多年的儒学史上眺望当代，我们可以预见，大众儒学的时代已经到来了。大众儒学在精神上是贵族化的，在形式上又是大众化的，是高雅贵族精神与普通民众生活相贯通的产物；大众儒学既是历史的，又是当代的，是经典的光华在当代社会的重现；大众儒学既是对儒家道统的继承，又是对儒家思想与传播体系的再创造，且以中和的精神和包容的态度汲取全球化时代各大文明的营养。今天的大众儒学是古老儒家返本开新的产物，也是儒学复兴在当代中国的新命运！

近期的儒学复兴波及了家庭、村庄、社区、企业、学校、机关，甚至监狱等大多数社会组织，具有广泛的大众性和突出的民间性，其主要推动力量首先来自民间。以私塾、书院为例，清廷于1903年下诏废除私塾、书院，但始料未及的是，进入21世纪以来，社会上又兴起了私塾、书院热，到2014年，全国各地的私塾、书院已有数千家，绝大多数属于民办，基本上都是2000年以后成立的。儒学在民间的发展一直伴随着争议，孟母堂的理念受到教育部门的质疑，汤池小镇模式最终被叫停，《弟子规》的推广遭受质疑和批评，围绕长安街孔子像产生了激烈争论，都表明了社会对于儒学的价值判断存在着巨大分歧。大众儒学在激烈的争议声中毅然前行，表明儒家基本义理其实是人伦日用的内在要求，在民间具有巨大的生命力。当前民间儒学复兴的声势固然不错，但是，儒家教育在中国内地毕竟中断了百年之久，它在深化与发展的道路上依然有待于克服一系列困难，目前有以下三方面的工作是当务之急。

其一，培育以传道授业为使命的新型儒家士大夫阶层。历史上的士大夫儒学有两个职能，儒学义理的探讨和儒家教化的推广。近代以来，由于教育制度的改革，儒学变成大学里的一门哲学课程，这也是近代中国重建学术体系的结果。目前，职业化的高校学者队伍承担起了前一种职能，后一种职能的担负者则至今阙如，而这一职能对于儒学的灵根再植却是至关重要的。"人能弘道，非道弘人。"因此，儒学的当代复兴呼唤着新型儒家士大夫阶层的重现。他们虽然不再具备传统社会作为士农工商四民之首的地位，却是熟悉儒家义理并以在民间传道授业为职志的职业化传道者，替代传统民间社会私塾先生、乡绅和民间信仰组织者，成为大众儒学复兴的骨干力量。他们的使命是重建儒学的社会教化之"体"，恢复儒学与生活的联系，终结近代以来儒学的游魂化状态。因此，这一职业化传道队伍的塑造，注定会成为儒学复兴的关键环节。目前，在社区、乡村和私塾已经涌现了一些专业化的儒学传道者。他们多以儒学志愿者的身份出现，在区域分布上以广东、福建、北京、山东等省市为多；但是，这一队伍的数量和专业水平都远远不能适应现实需求，经济收入也缺乏固定的来源。如何尽快形成职业化传道者群体仍然是大众儒学的首要问题。

其二，重构大众儒学的组织载体。在经数千年发育起来的民间儒学组织解体之后，民间儒学的发展面临着体系重构的任务，其中儒学体系的制度化是关键。鉴于形成传统儒家教化弥散型体系的社会形态已经消失，儒学组织必须由弥散型转向制度型，它们将依靠职业化的儒家传道者去组建，又是后者传道授业的道场。目前，存在的大众儒学组织大致包括学校类和非学校类两种。学校类儒学组织即私塾和书院，主要为民办组织，依靠学生学费维持生存。非学校类儒学组织主要是近年来在乡村和社区出现的儒学传播组织，其中有代表性的是儒学讲堂。山东的乡村儒学讲堂已经分布于十几个县，分别由学者、民间志愿者和地方政府建立，有的已经形成固定化、常态化的教学体系。福建霞浦的儒家道坛则将儒家教化和民间信仰有机结合起来，资金依靠当地民众捐献，每个道坛都有专职志愿者维持，民间组织化程度较山东乡村儒学讲堂更高。在私塾、书院与儒学讲堂之外，还有一种更加广泛的大众儒学传播形式，即在各地出现的国学公益讲堂，时间从一天到一周不等，多是民间人士以现身说法的方式交流学习心得，也有人专门讲授孝道、《弟子规》或者幸福人生讲座，杂以佛道教或者其他民间信仰。这些国学公益讲堂的主办者、授课者多为民间志愿者，能以生活化和通俗化的形式讲解传统文化，具有较强吸引力，有的听众规模达到数千人。国学公益讲堂的缺点是一次性讲座，无法通过持久的活动巩固教化成果，有的民间志愿者讲师的国学素养有待提高，也有的走向了怪力乱神一途。但是，它在扩大传统文化的社会影响方面不容忽视，也在客观上为制度化儒学组织载体的建构创造了条件。

其三，编辑出版符合时代需要的大众儒学经典。除了传道队伍和组织体系外，大众儒学的另一个要件是教材。历史上的儒学经典数量众多，有些内容已经不适应时代需要，有些内容则过于专业深奥。如何选取合适的经典文本，加以诠释解读，以适应大众对于儒学的迫切需求，已经成为大众儒学发展的当务之急。首先是文本的选择，因为并不是所有的儒学经典都符合大众儒学的要求；其次是经典内容的解读辨析，要找出那些已经完全与时代脱节的部分加以说明，避免泥沙俱下的局面。面对巨大的市场需求，一些仓促出版的儒学通俗读物品质不高，难以满足读者需要。因此，本丛书编委会借鉴清代儒学十三经的体例，决定编辑"大众儒学经典"。清儒编纂的儒学十三经以专业儒生为对象，"大众儒学经典"则是儒学史上第一套由学者编纂解读、面向普罗大众的系列儒学普及教材。为此，我们组织国内一批既有深厚学养，又有丰富一线儒学弘扬实践经验的中青年学者，精选合适的儒学典籍，编注"大众儒学经典"读本。本丛书以现代的视野、大众的角度、践行的立场，深入浅出地向大众讲解儒家修身做人的义理，堪称专业学者为社会大众注解的一套简明、系统、实用的儒学经典丛书，这样一套丛书可谓应运而生，在中国儒学史上尚属首次！

从内容看，着眼于儒学修身做人的学修次第，"大众儒学经典"包括蒙学基础、家训家礼、劝善经典和四书五经通解四个板块。蒙学基础用以童蒙养正，家训家礼培养良好家教家风，劝善经典激发人的为善之心，四书五经通解则是对儒家义理的系统阐述，囊括了从蒙训、礼仪、心性到信仰的不同方面，四个板块构成一个有机整体，大致反映了儒家教化不同阶段与层面的需求，体现了大众儒学的社会性、实用性和阶梯性。其中的劝善经典，本丛书选择了《了凡四训》等，它们具有儒释道合一的特征，是儒家思想与民间信仰相融会的产物，体现了大众儒学自身的特色，对于社会教化具有良好的效果。针对近代以来女德教育严重滞后的现实，本丛书特意选入了《女四书》，并从古今之辨的角度加以辨析，以满足读者需要。从体例上，每部经典包括原文、注释、译文、解读等部分，以达到忠于原著、贯通古今和深入浅出的编写目的。

需要说明的是，由于受时代的局限，上述传统经典中同样存在不少不适应当代的内容。比如，女德文本和蒙学经典中那些强调三从四德、夫为妻纲等单方面服从的思想内容，并不符合原始儒家的思想，是汉代以后儒学受到法家浸染的产物。对于经典中那些不适合于当代的部分，本丛书采取历史主义的态度，保留原貌，但在解读部分予以辨析，提请读者明鉴。

最后，本丛书是编著者集体合作的结晶，得到了各位儒学前辈大家的关心指导，还得到了中国人民大学出版社潘宇女士、瞿江虹女士和刘静先生的大力支持，在此一并表示谢忱！

前 言

司马迁在《史记·外戚世家》中写道:"自古受命帝王及继体守文之君,非独内德茂也,盖亦有外戚之助焉。夏之兴也以涂山,而桀之放也以末喜。殷之兴也以有娀(sōng),纣之杀也嬖妲己。周之兴也以姜原及大任,而幽王之禽也淫于褒姒。……夫妇之际,人道之大伦也。"说的是自古以来,秉受天命的开国帝王和继承正统遵守先帝法度的国君,并非仅仅是因为自身的品德美好,大多是由于有外戚的帮助。夏代的兴起是因为有涂山氏之女,而夏桀的被放逐是由于末喜。殷代的兴起是由于有娀氏的女子,商纣王的被杀是因为宠爱妲己。周代的兴起是由于有姜原及大任,而幽王的被擒是因为他和褒姒的淫乱。……夫妇之间的关系,是人道之中最重大的伦常关系。

在古人看来,天下之本在国,国之本在家,家之本在身。而女子之身,乃贤良之才诞生之所。因此,女子之德,是家道成败、风俗善恶、国家兴衰的大本大根。对此,近代佛门高僧印光法师主张:"善教儿女,为治平之本,而教女尤为切要。"清末民初的女德教育家王凤仪先生也认为:"女子是世界的源头。"一个国家想要有好的国民,必须施行良好的教育。家庭教育是最初的教育,是一切教育的根基,而家庭教育又以母亲教育尤为关键。然而良母来自于贤媳,贤媳来自于受过女德教育的女子。在家能当好姑娘,出嫁才能当好媳妇,从而相夫教子,孝敬公婆,和睦妯娌,阖家和乐。真可谓:女子是世界的源头。源头不浊,本正源清,水流自然清澈。

我国女德教育的历史源远流长:东汉的班昭著《女诫》,唐代的宋氏姐妹著《女论语》,明成祖的徐皇后著《内训》,清初儒者王相之母刘氏著《女范捷录》。王相将这四本书合起来进行集注,名曰《闺阁女四书集注》,简称《女四书》,意在告知女子修身养性和为人处世的道理和方法。

《女四书》作为涵养女德之教材,也流传到国外。明永乐六年(1408),中国政府曾以《内训》等书赠给日本使者。在这以后,日本于明历二年(1656)传有一种《女四书》版本,其中无《女范捷录》而有《女孝经》(唐朝侯莫陈邈之妻郑氏撰)。其后又流传一种有《女范捷录》而以《女孝经》代《内训》的版本。

《女四书》的特点主要表现为:伦理至上,规范明确;重视女德,注重家教;女子自撰,言传身教;贴近实际,亲近生活。《女四书》为后世女德教育的渐趋完备奠定了基础，对中国古代社会女性的思想意识、行为方式都产生了深远影响。

作为中国古代女性教育最具代表性的范本，《女四书》充分体现了古代女子教育的历史价值。其广泛传播，曾经对维护家庭和睦与社会稳定起了重要作用。中国传统文化的价值取向，决定了中国古代女性的主要价值目标是构建一个和谐的家庭。在家事范围内，女子温顺宽容、仁慈迁善、勤劳节俭、谨言慎行、相夫教子、坚忍忠贞等品德和行为，是"齐家"的关键所在，而在儒家看来，只有"齐家"，方能"治国、平天下"。

《女四书》作为古代女性德育教材，既有精华亦有糟粕，既有其历史价值和现实意义，亦存在着时代局限。这种局限性主要表现为：宣扬封建迷信、礼教至上、男尊女卑、守节愚忠等观念；夹杂着束缚女性身心、压制女性自由，甚至摧残女性生命等内涵。对此，作者将在对各篇章的"解读"中予以辨析。

在21世纪的今天，出版《〈女四书〉读本》，重新对《女四书》进行解读，对于传承中华优秀传统文化、弘扬中华民族精神、深化对传统女德的认识和理解，具有不容低估的意义和价值。现代社会为女性提供了充分展示自身能力和才华的宽阔舞台，女性在追求自由自觉活动的过程中将会书写新的历史、创造新的辉煌。而《女四书》中的精华，将对重新塑造东方女性之美、构建以和睦家庭为基础的和谐社会、弘扬和践行社会主义核心价值观，产生积极的影响。

  本书内容分为五个部分。"题解"：对《女四书》各书的作者、主要内容、思想观念、传播历史等进行简介；"原文"：分章节著录原文；"注释"：对文中典故、词语等进行注解以便于读者理解；"译文"：用平实流畅易懂的现代白话文，对原文进行逐句译解；"解读"：对各章节进一步加以说明解释，除了有对内容和思想观念的分析之外，还加之以各种典籍、传说中与之相关的观点、故事等，以拓宽读者的视野和知识面，进而加深对女德经典文本的理解。

目　录

女　诫 / 〇〇一
女论语 / 〇三三
内　训 / 〇七九
女范捷录 / 一六三
后　记 / 二二一

女诫

（东汉）班昭

题解

《女诫》的作者是汉代的班昭。班昭博学多才，是东汉著名的文学家、史学家。班昭家学渊源，尤擅文采，常被召入皇宫，教授皇后及诸贵人诵读经史，宫中尊之为女师，赐号"曹大家（音：曹太姑）"。

《女诫》作为《女四书》之首，是班昭以训喻的方式写给自家女儿的家训，是女子如何立身处世的品德规范。此书被时人和后人争相传抄，成为中国自汉代至民国初年女子教育的启蒙读物。

班昭的《女诫》，是一部古代培养"女中君子"的经典文本。但是在今天看来，无疑存在着不可避免的时代局限。先秦儒家的夫妇伦理比较重视双方的义务，而汉代以降则由于君主专制的强化，夫妇伦理逐渐单向化，演化成了夫为妻纲，以夫妇伦理之别否认了政治上的男女平等。因此，对《女诫》中那些体现夫为妻纲且与现代观念对立的思想必须予以扬弃。男女平等是政治权利，夫妇有别和妇德是伦理职分，五四以来以前者否定后者，固然不合理，但一味地强调伦理之别，否认男女平等也失之偏颇。因此，今人在吸取《女诫》一书精华的同时，也应剔除其糟粕。唯有如此，才能实现传统文化的现代转换。

《女诫》内容包括：《女诫原序》、《卑弱第一》、《夫妇第二》、《敬顺第三》、《妇行第四》、《专心第五》、《曲从第六》、《和叔妹第七》。

女诫原序

原文

鄙人愚暗，受性不敏，蒙先君①之余宠，赖母师②之典训。年十有四，执箕帚③于曹氏，今四十余载矣。战战兢兢④，常惧黜辱⑤，以增父母之羞，以益中外⑥之累。是以夙夜劬心⑦，勤不告劳，而今而后，乃知免耳。

吾性疏愚，教导无素，恒恐子穀⑧负辱清朝⑨。圣恩横加⑩，猥赐金紫⑪，实非鄙人庶几所望也。男能自谋矣，吾不复以为忧。但伤诸女，方当适人，而不渐加训诲，不闻妇礼，惧失容他门⑫，取辱宗族。吾今疾在沉滞，性命无常。念汝曹如此，每用惆怅。因作女诫七篇，愿诸女各写一通，庶有补益，裨助汝身。去矣，其勖勉⑬之。

注释

①先君：已故父亲的称谓。指的是班昭之父班彪。②母师：女先生。③执：拿。执箕帚：拿着簸箕和笤帚。指打扫卫生。古时借指充当臣仆或妻妾。④战战兢兢：恐惧不安之貌。⑤黜（chù）：意即遣

退。辱：羞辱，呵责。⑥中：夫家。外：娘家。⑦夙（sù）：早起。劬（qú）：劳苦，勤劳。⑧子毂：曹成，字子毂，班昭的儿子。⑨清朝：清明的朝廷。⑩横加：增其爵禄。⑪猥（wěi）：谦词。金紫：金印紫绶。⑫他门：他姓之门。⑬勖（xù）勉：勉励。

译文

我是个鄙陋粗俗的人，天生不聪慧。承蒙先父传留的恩泽，靠着女先生的教诲。十四岁时嫁到曹家，至今已有四十多年了。在这四十多年里，我时刻小心谨慎，担惊受怕，唯恐有什么错处，被夫家遣退。因为一旦犯下过错，非但影响自身，还会给父母以及娘家、夫家都增添羞辱。因此，我从清晨到深夜都在殚精竭虑，劳心费神。做事虽然勤苦，但从不敢说辛劳的话。如今我年事已高，子孙也各得其所了，以后这些劳心之事，大概可以免了。

我生性大意顽钝，疏于对儿子的教导，常常担心儿子曹成做官以后，辜负玷辱了清明的朝廷。幸好曹成没有犯什么过错，承蒙圣恩，加官晋爵，赐以金紫绶带的荣耀，这实在不是我敢奢望的。家中的男子能尽忠朝廷、独善其身了，我不再为他们担忧了。但又忧愁你们这些女孩子，将要出嫁了，如果不教你们妇礼，就会在夫家失却礼节、丧失颜面，从而贻羞于父兄宗族。我现在身患疾病，久治不愈，恐不久于人世了。想到曹家的女孩们实在放心不下，常常心怀忧郁。因此写下这《女诫》七篇，希望女孩们各自抄写一遍，这于你们极有益处。

如果能谨守奉行，就可以使自身远离过错。你们嫁到夫家，一定要时刻勉励自己，依照《女诫》所说行事。

解读

《女诫原序》是班昭给《女诫》一书所作的"序"。主要说明她要撰写《女诫》一书的原因。

班昭（约公元45—117），字惠班，又名姬。班彪之女，班固、班超之妹。扶风安陵（今陕西咸阳）人，汉族。十四岁嫁给同郡曹世叔（名寿）为妻。曹世叔活泼外向，班昭则温柔细腻，夫妻相亲相爱、相得益彰，生活得十分美满。然曹世叔早逝，班昭不仅自己有节行法度，还著《女诫》七篇，诫训女儿们的言行举止，以谨守妇道。

班昭的才学突出地体现在帮助父兄修《汉书》。《汉书》是我国的第一部纪传体断代史，是正史中写得较好的一部，与《史记》齐名。人们称赞它"言赅事备"。班昭父亲班彪始修《汉书》，班彪去世后，班昭的兄长班固继承父亲遗志继续这一工作，不料在快要完工时，却因窦宪一案的牵连，冤死在狱中。因为《汉书》其八《表》及《天文志》未竟，汉和帝诏令班昭及其门生马续续撰之。班昭痛定思痛，接过亡兄未竟的事业继续前行。由于班昭在班固在世时就参与了全书的纂写工作，后来又得到汉和帝的恩准，可以到东观藏书阁参阅典籍，因此撰写起来便得心应手。班昭与马续虽完成了《汉书》这部鸿篇巨制的修撰，但仍以班昭兄长"班固"署名。

班昭的学问十分精深，不仅教授皇帝的后妃们读书，就连当时的儒家学者、著名经学家马融也曾受教于她。据《后汉书》记载："时《汉书》始出，多未能通者，同郡马融伏于阁下，从昭受读。"意即当时的大学者马融，曾趴在东观藏书阁外，聆听班昭的讲解。班昭年逾古稀而逝，当时的皇太后亲自为多年的老师素服举哀，由使者监护丧事。今天，金星上的"班昭陨石坑"即是以班昭的名字命名的，以纪念这位伟大的中国女性。

班昭撰写《女诫原序》之目的，在于训诫自家女儿应注重修身养性、遵守女德规范，维护宗族名誉，以期不背中国向来之礼教与嘉言懿行，从而尊崇为女、为妇、为母之道。然而，由于历史的原因，其中难免包含着一些不适合当今社会的礼教至上、男主女从等观念，对此，读者应予以分析批评。

卑弱第一

原文

古者生女三日，卧之床下，弄之瓦砖①，而斋告焉。卧之床下，明其卑弱，主下人也。弄之瓦砖，明其习劳，主执勤也。斋告先君，明当主继祭祀也。三者，盖女人之常道，礼法之典教矣。

谦让恭敬，先人后己，有善莫名，有恶莫辞。忍辱含垢，常若畏惧，卑弱下人也。

晚寝早作②，不惮夙夜。执务私事，不辞剧易③。所作必成，手迹整理，是谓执勤也。

正色端操④，以事夫主。清静自守，无好戏笑。洁斋酒食，以供祖宗，是谓继祭祀也。

三者苟备，而患名称之不闻，黜辱之在身，未之见也。三者苟失之，何名称之可闻，黜辱之可免哉。

注释

①瓦砖：古代织布用的纺锤。②作：起。③剧：烦难。易：容易。④正色端操：

正其颜色，端其操行。

译文

古时候，女人生下女孩三天之后，让女孩睡在床下面，将织布用的纺锤给她当玩具（男孩则睡在床上，将卿大夫用的圭璋给他当玩具）。然后再斋戒沐浴，到祠堂里将生女之事告明祖先。女孩睡在床下，表明女子应当卑下柔弱，时时以谦卑的态度待人；玩弄瓦砖，表明女子应当亲自劳作、不辞辛苦；斋告先祖，表明女子应当准备酒食，帮助夫君祭祀。以上三点，是女人的立身之本，是古来礼法的经典教诲。

谦恭礼让，先人后己，有功不自夸，有恶不遮掩。忍辱负重，有委屈不争辩。常怀敬畏之心，不敢放任自安，方能尽"卑弱"之道。

女子要勤劳，要睡得晚起得早，不怕熬夜。要亲自操持料理家务，不问难易。做事要有始有终。亲手料理家务，自己所做之事，应尽量细致整洁，方能尽"执勤"之道。

女子应外表端庄，品行端正，以侍奉自己的丈夫。幽闲贞静，自尊自重，不苟言笑，把酒食祭品准备得洁净整齐，帮助夫君祭祀先祖，以明白祭祀的道理。

如果做到了上述三点，美好的名声就会传扬出去，耻辱就会远离自身。如果没有做到以上三点，还能有什么美德值得人称赞呢？又怎么能免得了耻辱呢？

解读

《卑弱第一》篇讲述的是自女孩出生之日起，就应该对其进行女德教育。从最初的玩具到日后的饮食起居、从操持家务到侍奉夫君、从坚守名节到祭祀祖先，其言行举止都应按照符合女子道德规范的妇道来加以严格要求。

"卑弱"不是卑微卑贱，而是谦恭礼让，这与谦谦君子的品行是一致的。无论男女如果能够做到谦虚忍让，对一切人、事、物真诚恭敬，好事先礼让给他人，自己谦退在后，做了善事不张扬，做了错事不推脱，忍辱负重，常常反省自己哪些方面做得还不够好，久而久之，就会养成谦恭礼让的品格。

《尚书·大禹谟》云："满招损，谦受益，时乃天道。"自命不凡令人止步不前，谦恭礼让则使人受益良多。古时候有位绘画爱好者，千里迢迢来到法门寺求教于住持释圆和尚："我到现在还未找到一位令我满意的丹青老师，因为很多人都是徒有虚名，其画技远在我之下。"释圆和尚听了淡淡一笑，要求其当场作画。绘画者问："画什么？"释圆说："老僧平生最大的嗜好就是饮茶品茗，施主就为我画一把茶壶和一个茶杯吧。"年轻人寥寥几笔就画好了：一把倾斜的茶壶正徐徐吐出一脉茶水，并源源不断地注入茶杯中，画得栩栩如生。没想到释圆却说他画得不对，说应该把杯子置于茶壶之上才是。年轻人茫然不解地问道："哪有杯子在茶壶之上的道理？"释圆听后则笑道："原来你也懂得这个道理嘛！你渴望自己的杯子里能够注入那些丹青高手的香茗，但你却总是将自己的杯子放得比那些茶壶还要高，香茗怎么注入你的杯子里呢？"年轻人听后恍然大悟。

在此必须指出的是，《卑弱第一》篇中关于"古者生女三日，卧之床下，弄之瓦砖，而斋告焉。卧之床下，明其卑弱，主下人也"等内容，表现出明显的男尊女卑、歧视女性的倾向，实不符合当今社会男女平等的理念。

夫妇第二

原文

夫妇之道，参配阴阳，通达神明。信天地之弘义，人伦之大节也。是以《礼》贵男女之际，《诗》著《关雎》之义。由斯言之，不可不重也。

夫不贤，则无以御①妇；妇不贤，则无以事夫。夫不御妇，则威仪废缺；妇不事夫，则义理堕阙②。方斯二者，其用一也。

察今之君子，徒知妻妇之不可不御，威仪之不可不整。故训其男，检以书传。殊不知夫主之不可不事，礼义之不可不存也。但教男而不教女，不亦蔽于彼此之数乎？《礼》：八岁始教之书，十五而至于学矣，独不可以此为则哉！

注释

①御（yù）：驾驭，管束。②堕阙（duò quē）：毁坏，丧失。

译文

夫妇之间的道理，能够使阴阳和合，感通神明。这的确是天地的大义、人伦的大节。所以《礼》注重男女之别,《诗》首篇的《关雎》彰明男女之义。由此可见,夫妇之道,是人伦之始,不能不重视。

丈夫不贤明,就无法管束妻子;妻子不贤淑,就无法侍奉丈夫。如果丈夫不能管束妻子,那么,丈夫的威严就丧失了;如果妻子不能侍奉丈夫,那么,夫妇之道义也就丢弃了。这两方面的道理,其实是一致的。

观察现在的君子,只知道要管束妻妾,整肃自己的威仪,所以用古书、经传来教育子孙。但却不知道用古书、经传中的道理教育女子,女子自然也不知道事夫之道,不明白妇人之礼。只教育男子而不教育女子,难道不是偏执不明吗?《礼》曰:男子自八岁起,便要教他读书,到十五岁就教他专志于修齐治平的学问。能这样教育男子,为什么不能同样去教育女子呢?

解读

在《夫妇第二》篇中,班昭提出了阴阳相互契合,夫妻相须为用、互为表里、互敬互爱的主张。在班昭看来,夫妇之道,是上天根据阴阳契合的原理制定的人类最基本的人伦关系,因此,应予以遵循。

当时社会中的女性,也以遵循妇道为要旨。据《后汉书·逸民列传》记载:梁鸿,扶风平陵(今陕西咸阳市西北)人。

由于梁鸿的高尚品德，许多人都想把女儿嫁给他，但梁鸿谢绝了他们的好意，执意不娶。与梁鸿同乡的一位孟女，人们每次为她说婆家，她都说不嫁。三十岁时父母问她为何不嫁，她说：要嫁就嫁像梁鸿那样有贤德的人。梁鸿听说后欣然答应，且随即准备迎娶，孟女则十分高兴地准备嫁妆。过门那天，孟女像其他新娘一样梳妆打扮，涂脂抹粉。谁知婚后一连七日，梁鸿表情严肃，一言不发。于是孟女来到梁鸿面前恭敬地问道："妾早闻夫君贤名，立誓非您不嫁，夫君也拒绝了许多人家的提亲，最后选定了妾为妻。可不知为何婚后沉默寡言，难道是妾犯了什么过失？"梁鸿答道："我一直希望自己的妻子是位能穿粗布衣，并能与我一起过苦日子的人。而现在你却穿着名贵的丝织衣服，涂脂抹粉、梳妆打扮，这哪里是我理想中的妻子啊？"孟女听后对梁鸿说："我这些日子的穿着打扮，只是想验证一下夫君您是否真是我理想中的贤士。其实，妾早就准备好了劳作的服装与用品。"说完，便将头发卷成髻，穿上粗布衣，架起织机，动手织布。梁鸿见状大喜，连忙对孟女说："这才是我梁鸿的妻子！"他为妻子取名为孟光，字德曜，意思是她的仁德如同光芒般闪耀。后来他们过着举案齐眉的恩爱生活。

家庭是社会的细胞，家庭是否和睦，小则影响到每一个家庭成员的身心状态，大则关系到社会的安定与和谐。如何才能营造幸福美满的家庭呢？在古人看来，那便是要做到"夫有义，妇有德"。文中关于"夫不贤，则无以御妇；妇不贤，则无以事夫"的警言，虽然在一定程度上包含有男尊女卑、男主女从的偏见，但从另一角度看则会发现，这种主张对夫妻都提出相应的关于道德规范的平等要求，在一定意义上又蕴含着期盼人格意义上的男女平等、互敬互爱的意蕴。这也说明，传统文化中的精华和糟粕，往往是交织在一起的，对此应加以辩证厘析。

  在该篇的结尾部分，班昭还对当时女性的受教育权利提出了自己的看法，认为男子能够得到八岁识字、十五岁立志的教育，为何女子就不可以如此呢？"独不可以此为则哉"的慨叹，既是对当时男女不平等现象的喟叹，更是对女性受教育权利的争取，实属难能可贵。事实上，《女诫》自问世以后，一直为女学的重要教程，对中国女子教育及女性文化产生了重要影响。

敬顺第三

原文

阴阳殊性，男女异行。阳以刚为德，阴以柔为用。男以强为贵，女以弱为美。故鄙谚有云：生男如狼，犹恐其尪①；生女如鼠，犹恐其虎。

然则修身莫如敬，避强莫若顺。故曰：敬顺之道，为妇之大礼也。夫敬非他，持久之谓也。夫顺非他，宽裕②之谓也。持久者，知止足也。宽裕者，尚恭下也。

夫妇之好，终身不离。房室周旋，遂生媟黩③。媟黩既生，语言过矣。语言既过，纵恣④必作。纵恣既作，则侮夫之心生矣。此由于不知止足者也。

夫事有曲直，言有是非。直者不能不争，曲者不能不讼。讼争既施，则有忿怒之事矣。此由于不尚恭下者也。

侮夫不节，谴呵⑤从之。忿怒不止，楚挞⑥从之。夫为夫妇者，义以和亲，恩以好合，楚挞既行，何义之存？谴呵既宣，何恩之有？恩义俱废，夫妇离行。

注释

①尪（wāng）：脊背骨骼弯曲。借指人性格软弱、懦弱。②宽裕：宽容，大度。③媟黩（xiè dú）：褻狎，轻慢。④纵恣（zòng zì）：肆意放纵。⑤谴呵（qiǎn hē）：谴责呵斥。⑥楚挞（chǔ tà）：杖打。

译文

男子属阳，女人属阴，阴阳之性不同，男女之行为亦有差别。阳以刚强为本，阴以柔顺为用。男子以刚强为贵，女子以柔弱为美。所以有俗语说：生下像狼一样刚强的男孩，还唯恐他懦弱而挺不起脊梁；生下像鼠一样柔弱的女孩，还唯恐她像老虎一样凶猛。

修身的根本是"敬"，避强的根本是"顺"。所以说：敬顺之道，是妇人最大的礼节。"敬"的根本是坚忍持久；"顺"的根本是宽容恭下。能长久地对丈夫保持"敬"，就能知足安分。对丈夫多加理解包容，不求全责备，就能宽容恭下。

这样一来夫妇就能百年好合、永结同心。如果常在房内亲近玩闹，就会生出戏弄轻慢之心。于是，就没有了敬顺之心，相互间的言语就会过激骄横。言语过激骄横了，就会肆无忌惮。一旦任意放纵，就会凌侮丈夫。这是由于妇人不知足，从而背离了敬夫之道。

事理有曲有直,言语有是有非。占理的人不能不争论,没理的人也不能不辩驳。于是,争论起来了,就会出言不逊,导致家庭不和。这是由于妇人不善于谦恭所致。如果能宽容温顺,又何至于此呢?

假如侮辱丈夫不知道节制,必然会招致谴责呵斥;如果争论不止愤怒不休,必然会招致鞭打杖责。夫妇由于和顺而相亲,由于恩爱而和谐。如果谴呵鞭打无所不用,还有什么恩义可言?恩与义都没有了,夫妇就会分离了。

解读

《敬顺第三》篇认为:阴和阳的属性各不相同,男女的行为也各有差别。阳性以刚强为品格,阴性以柔弱为表征。男人以强健为高贵,女人以柔弱为娇美,因此,"恭敬柔顺"是女子应遵守的主要礼仪。班昭在此劝诫女子:"修身莫如敬,避强莫若顺。"恭敬能持之以恒;柔顺则能宽恕裕如。因为"夫顺非他,宽裕之谓也"。在现实生活中,夫妻之间发生一些口角是难免的。只要不是发生"恩断义绝"的事情,就应该用宽容的心加以包容、谅解。夫妻之间相敬如宾,以恩义相待,刚柔相济,阴阳相合,才能获得家庭幸福。

古往今来,多少原本佳偶天成的鸳鸯,变成劳燕分飞的怨偶。究其原因多半由日常生活中的口角和误会积累积怨而成。家庭矛盾发生时,常常是"公说公有理,婆说婆有理",所以有人说：家不是个讲理的地方。既然讲理行不通，夫妻双方不如多讲感情，多讲忍耐、宽容和"敬顺"。

因此，处于婚姻状态中的男女，在言语上切忌互相进行人身攻击，以伤害彼此间的情义；在行为上切忌我行我素，以背叛彼此间的信任。俗话说："百年修得同船渡，千年修得共枕眠。"原本美好的姻缘，实在应该加倍呵护，而呵护的灵丹妙药，就在于相互之间的忍让和"敬顺"。

令人遗憾的是，在本篇中，"敬顺"被班昭视为女子单方面应该遵循的规范："敬顺之道，为妇之大礼也。"其实，"敬顺"应是夫妇双方的相互尊敬、相互顺让，而非只是对女性单方面提出的要求。另外，本篇关于"侮夫不节，谴呵从之。忿怒不止，楚挞从之"等内容，体现的是封建礼教的旧观念，是对女性身心的凌辱，对此，我们应加以分析批评。

妇行第四

原文

女有四行，一曰妇德，二曰妇言，三曰妇容，四曰妇功。夫云妇德，不必才明绝异也；妇言，不必辩口利辞也；妇容，不必颜色美丽也；妇功，不必技巧过人也。

幽闲贞静，守节整齐，行己有耻，动静有法，是谓妇德。择辞而说，不道恶语，时然后言①，不厌于人，是谓妇言。盥浣尘秽，服饰鲜洁，沐浴以时，身不垢辱，是谓妇容。专心纺绩②，不好戏笑，洁齐酒食，以供宾客，是谓妇功。

此四者，女子之大节，而不可乏无者也。然为之甚易，唯在存心耳。古人有言：仁远乎哉？我欲仁，而仁斯至矣。此之谓也。

注释

①时然后言：说话合乎时宜。②纺绩：把丝、麻等纺成纱或线。在古代"纺"指纺丝，"绩"指绩麻。

译文

女子的日常行为规范有四种：德性、言语、容貌、女红。女子的德性，不必富有才干、聪明绝顶；女子的言语，不必伶牙俐齿、辩才过人；女子的容貌，不必浓妆艳抹、妖娆动人；女子的女红，不必技艺精湛、工巧过人。

心思淡定、贤淑雅静，守定规矩、注意整洁，有羞耻之心，行事符合礼仪，叫做妇德。话何时说、怎么说、说什么，一定要合乎时宜，避免恶语伤人，且不招人讨厌，叫做妇言。衣服不论新旧，都洗得干净并穿戴整洁，按时沐浴，使身体洁净，叫做妇容。专心纺纱织布，不好与人嬉笑玩闹，按时准备好酒食饭菜，以招待宾客，叫做妇功。

以上四点，是女子应该知晓的大道理，缺一不可。要想做好这些并不难，只要真正用心就行了。古人（孔子）说："仁离我们遥远吗？只要我一心想要行仁，仁就离我很近了。"女子的德、言、容、功也是如此。

解读

在《妇行第四》篇中，班昭将女子的日用常行总结为应有的四种德行：妇德、妇言、妇容、妇功。对公婆、丈夫、家族及所有人谦恭有礼，一言一行符合礼仪规范，叫做妇德；善于应对，说话得体，叫做妇言；在容仪上重质朴、去修饰，叫做妇容；在从事的劳动与工作中勤奋好学、兢兢业业叫做妇功。

古代对女子四种德行的要求，虽然在一定程度上蕴含着男主女从的观念，但如果对此进行辩证分析，又会发现其中也包含着有助于提升女性的素质和修养的合理因素。在一般意义上说，无论一位女性身处什么时代、地位和角色，其德性的提升、言语的得体、仪容的整洁、技能的加强，不论是对自身，还是对整个家庭都至关重要。家庭之所以被人誉为幸福的港湾，与家庭中的女性所具有的以上素质和修养息息相关。一个家庭主妇如果能够做到品德优良、说话得体、仪表宜人、才干出众，那么，这个家庭中的丈夫、孩子、公婆乃至整个大家族的成员，都会感到幸福温暖、其乐融融。

一位贤惠端庄的妻子，能够帮助丈夫更好地面对生活中的挑战；一位仁慈睿智的母亲，能够教育孩子更好地建立健全人格；一位孝顺娴静的媳妇，能够让公婆舒心地安享晚年；一位多才多艺的女性，能够为家庭乃至家族、社会的和谐发展，做出自己应有的贡献。

专心第五

原文

《礼》，夫有再娶之义，妇无二适①之文，故曰：夫者，天也。天固不可违，夫故不可离也。行违神祇②，天则罚之；礼义有愆③，夫则薄④之。故《女宪》曰：得意一人，是谓永毕；失意一人，是谓永讫⑤。由斯言之，夫不可不求其心。

然所求者，亦非谓佞媚苟亲⑥也，固莫若专心正色。礼义居絜，耳无涂听，目无邪视，出无冶容⑦，入无废饰，无聚会群辈，无看视门户，则谓专心正色矣。

若夫动静轻脱，视听陕输⑧，入则乱发坏形，出则窈窕作态，说所不当道，观所不当视，此谓不能专心正色矣。

注释

①二适：改嫁。②神祇(qí)："神"指天神，"祇"指地神。"神祇"泛指神明。③愆(qiān)：罪过，过失。④薄：轻视，看不起。⑤讫(qì)：完结，断送，离散。⑥佞媚(nìng mèi)：巴结，谄媚。苟亲：讨

得欢爱。⑦冶容：女子修饰得很妖媚。⑧陕：通"闪"。陕输：闪烁不定貌，引申为轻佻。

译文

考之于《礼》，丈夫有续娶的礼（因为丈夫没有妻子就没有人辅助祭祀，没有儿女继承家统，所以不得不再娶），而妻子则无改嫁之说（因此应当从一而终，丈夫去世后不应再嫁）。所以说，丈夫是妻子的天。天既然无法逃离，丈夫就是不能够离开的。人若德行有亏，触犯了神明，上天就会对其进行惩罚。妻子如果在礼义上有了过错，就会遭到丈夫的轻视与谴责。所以《女宪》说："女子如果得意于丈夫，就能仰赖终生，幸福美满；如若失意于丈夫，就断送了一生的幸福。"由此看来，作为女子，不可不求得丈夫的欢心。

然而要获得丈夫的欢心，并不是要巴结讨好，做出媚态，讨得欢爱，而是要专一其心、端正其色。一举一动执守礼义，举止端庄。非礼勿听，非礼勿视。外出时不妖冶艳媚，在家时不蓬头垢面，不和女伴聚会嬉游，不在户内窥视门外。这就叫做专心正色。

如果举止轻佻、心神不定，回家不修边幅，出门则妖艳轻浮，说不该说的，看不该看的，这样就叫做不能专心正色。

解读

《专心第五》篇主要讲述的是"事夫之道"：妻子对待丈夫

要用心以专；妻子要获得丈夫的恩爱应该正色以事。

所谓用心以专，是要求妻子对丈夫的情感要专一。因为在古人看来，男人可以休妻再娶，而女人则不可再嫁，因此，妻子对丈夫的专一是获得婚姻幸福的前提。在现代女性看来，虽然用心以专也是家庭和睦的首要条件，但是这种"专心"应该体现为夫妇双方的专心，而非只是对妻子单方面的要求，否则，就与现代社会男女平等、婚姻自由的观念相抵牾。

所谓正色以事，强调的是妻子不要以巧言谄媚、丢弃人格的卑下来求得丈夫的亲近愉悦。否则，如果妻子为了得到丈夫的欢心，故意打扮得艳丽妖媚，或许能够一时得到丈夫的宠爱，但若以后丈夫看见妻子打扮得过分妖媚而外出时，便会疑窦心生，嫉妒心起，从而给夫妻关系埋下隐患。因此，班昭要求女子在家和外出时都要端庄得体。

在此必须指出的是，本篇以封建社会的礼仪标准要求女性："礼义居絜，耳无涂听，目无邪视，出无冶容，入无废饰，无聚会群辈，无看视门户"，无疑是对女性自由的束缚和限制，对于现代女性来说，显然已不合时宜，必须对此加以摒弃。

今天的女性，虽然已不再信奉"夫者，天也"、"行违神祇，天则罚之；礼义有愆，夫则薄之"的神学观念和封建礼教，但家庭是否美满，依然是衡量女性是否幸福的重要标准之一。现代女性追求男女平等、婚姻自由，无疑体现了人类的进步，但同时也对女性的道德自律性和家庭责任心提出了更高的要求。

曲从第六

原文

夫得意一人，是谓永毕；失意一人，是谓永讫。欲人定志专心之言也。舅姑①之心，岂当可失哉？物有以恩自离者，亦有以义自破者也。夫虽云爱，舅姑云非，此所谓以义自破者也。

然则舅姑之心奈何？故莫尚于曲从矣。姑云不，尔而是，固宜从令。姑云是，尔而非，犹宜顺命。勿得违戾②是非，争分曲直。此则所谓曲从矣。

故《女宪》曰：妇如影响③，焉不可赏？

注释

①舅姑：公婆。②违戾(wéi lì)：违背，抵触。③影响：如影随形，如响应声。

译文

女子若得意于丈夫，就能仰赖终生，幸福美满；若失意于丈夫，一生的幸福就断送了。这是让女子志向坚定、专心致志以求得丈夫的信任。得到丈夫的信任固然重要，但也不能失却公婆的欢心。世上的夫妻，有因为恩爱过头，反而离开的，也有处处守着礼义，反而出现过失的。女子虽能与丈夫恩深义重，但如果得不到公婆的欢心，招来公婆的厌恶与排斥，夫妻间也会恩离义破。

要想得到公婆的欢心，最重要的是能够做到顺从。婆婆吩咐的事合乎道理，女子固然应当从命；婆婆吩咐的事违背情理，女子明知是不对的，也要顺着婆婆的意思去做。不可以与婆婆争辩是非曲直。这就是所谓的"曲从"。

所以《女宪》说："女子顺从公婆的意思，如影随形、如响应声，哪有得不到公婆的喜欢和奖赏的呢？"

解读

《曲从第六》篇主要是阐明女子侍奉公婆的道理。

班昭用"曲从"二字，以说明媳妇与公婆的相处之道，意味着作者也深知：凡事都顺从公婆，只能称为"曲从"。而这种"曲从"，只是孝顺的一种特殊形式，其目的主要是为了顾及老人的自尊，不伤害老人的情感，以不影响婆（公）媳关系。这也意味着：媳妇对于公婆的不合理要求，无伤大雅的、不违反原则的要求是可以欣然应从的；而对于那些大是大非的问题，也应该在言语上温和，在态度上委婉，在方法上注意技巧，尽力以良好的心态，用真诚与善良去感化老人，以维护家庭的和睦。

婆媳相处之道是一个古老的课题，但直到今天仍然还使很多女子为此烦恼不已。媳妇与公婆相处的好坏，直接影响着夫妻间的感情。在以孝悌为基础的儒家教育中，十分强调子女对父母的孝顺，认为孝顺父母与孝敬公婆是同样的道理。《弟子规》中就有这样的警句："亲爱我，孝何难，亲憎我，孝方贤。"这是说当父母喜爱自己的时候，孝顺是件容易的事情；当父母不喜欢自己，或者管教过于严厉的时候，我们如果还能够做到同样孝顺，而且还能够反省检点自己，体会父母的心意，努力改过并且做得更好，这种孝顺才是难能可贵。

据《史记》记载，虞舜虽然祖先高贵，但是到他这辈早已没落，亲生母亲已过世，父亲瞽叟不明事理，后母尖酸刻薄，同父异母的弟弟象又心浮气傲。舜的家人曾多次试图杀害他，一次是盖房的时候从下面放火，结果舜踩着高跷跑了。另一次是挖井时从上面填土，结果舜从旁道逃走了。舜的家人想杀他的时候找不着他，而需要帮助的时候他却来到身边。要想像舜一样既尽孝道又保护好自己，除了有一颗感恩宽容的心，还需要有超人的智慧。

在此需要说明的是，本篇及上篇关于"得意一人，是谓永毕；失意一人，是谓永讫"的论述，无疑是将女子视为男性的附属物，体现了男尊女卑的观念。对此，应有必要的分辨能力。

和叔妹第七

原文

妇人之得意于夫主，由舅姑之爱己也；舅姑之爱己，由叔妹①之誉己也。由此言之，我之臧否毁誉，一由叔妹，叔妹之心，不可失也。

人皆莫知，叔妹之不可失，而不能和之以求亲，其蔽也哉。自非圣人，鲜能无过。故颜子贵于能改，仲尼嘉其不贰，而况于妇人者也。虽以贤女之行，聪哲之性，其能备乎。故室人和则谤掩，内外离则过扬。此必然之势也。

《易》曰：二人同心，其利断金。同心之言，其臭如兰。此之谓也。夫叔妹者，体敌而分尊，恩疏而义亲。若淑媛谦顺之人，则能依义以笃好，崇恩以结援，使徽美显彰，而瑕过隐塞。舅姑矜善，而夫主嘉美，声誉耀于邑邻，休光延于父母。若夫蠢愚之人，于叔则托名以自高，于妹则因宠以骄盈。骄盈既施，何和之有？恩义既乖，何誉之臻？是以美隐而过宣，姑忿而夫愠。毁訾布于中外，耻辱集于厥身。进增父母之羞，退益君子之累。斯乃荣辱之本，而显否之基也。可不慎欤？

然则求叔妹之心，固莫尚于谦顺矣。谦则德之柄，顺则妇之行。知斯二者，足以和矣。《诗》曰：在彼无恶，在此无射②。此之谓也。

注释

①叔妹：丈夫的弟弟妹妹，也就是小叔子和小姑子。
②射：妒忌。

译文

女子能得到丈夫的喜爱，是因为公婆喜欢自己；公婆喜欢自己，是因为小叔子和小姑子称赞自己。由此而言，女子的善恶毁誉都掌握在小叔子和小姑子手中。因而千万不能失去小叔子和小姑子对自己的欢喜之心。

一般人都不知道小叔子和小姑子的心不可失的道理，因而不能与之和睦相处，以求亲爱，这是不对的。人非圣贤，很少有人不犯错误。所以颜回的可贵之处就在于有过即改，孔子称赞他同样的过错不犯第二次。何况妇人呢？即使是贤惠聪明的女子，也不能尽善尽美而从不犯错。所以，如果一家人和睦，虽然有过错，也会被遮掩掉；如果内姓与外姓相离间，所犯的错误就会被迅速传播，恶名远扬。这是必然会出现的状况。

《易》说："两个人齐心合力，其力量犹如利刃可以断金；同心的言语，如兰花般芬芳。"说的就是这个道理。小叔子和小姑子虽然与自己是异姓，没有血缘关系，但称他们为叔为姑，在道义上来说是亲近的。如果是贤淑谦恭的女子，就会推广丈夫的义、公婆的恩，与小叔子和小姑子处好关系，让他们乐于帮助自己，使自己美好的品德日益彰显，瑕疵与过失则得到遮蔽，从而得到公婆的夸奖、丈夫的赞美。于是，美好的声誉在乡邻中得到传播，盛美的光华使父母感到荣光。如果是愚蠢的女子，对于小叔子就依仗着自己是嫂子，而矜高尊大；对于小姑子则依仗着丈夫对自己的宠爱，而骄横傲慢。有了骄傲自大的心理，哪里还能够和睦相处？恩义没有了，又哪会有美好的声誉？于是，美善日渐隐蔽，过错日渐张扬。婆婆忿恨，丈夫愠怒，毁谤不善之言传扬于家里家外，名声便遭受羞辱，从而给父母增羞，给丈夫添累。对于荣辱的根本、名誉好坏的根基，怎么能够不慎重呢？

要想赢得小叔子和小姑子的爱心，唯有做到谦恭和顺。谦恭是德行的根本，和顺是行为的准则。能够做到这两点，就足以与小叔子和小姑子和睦相处。正如《诗》所言："在他处没有厌恶我的，在此处也没有妒忌我的。"这就是"和顺"的结果。

解读

在《和叔妹第七》篇中，班昭论述了嫂子与小叔子和小姑子之间的相处之道。此处只说"叔妹"不说"兄姐"，是因为兄必已娶妻另过，姐必已嫁人。而小叔子和小姑子由于年纪轻，故常在公婆左右。

在古代三世或四世同堂的大家庭中，女子要想与丈夫家里的兄弟姐妹相处融洽实非易事。在一定意义上说，要想获得他人的尊重，必须首先尊重他人。正所谓"将欲取之，必先予之"。要想在家庭生活中得到丈夫、公婆、叔妹的尊重与喜爱，必须首先尊重和亲爱对方才能达成。班昭对此给出的建议是"谦顺"，意即谦恭和顺。"谦"而能让，"顺"而能容，这实属人生智慧。这对于即将进入婚姻状态的或已经处于婚姻状态中的女性都具有启迪意义。

在浙江桐乡乌镇，至今还流传着赞美家乡特产"姑嫂饼"的一首民谣："姑嫂一条心，巧做小酥饼，白糖加椒盐，又糯又香甜。"据《乌青镇志》记载，姑嫂饼距今已有一百多年的历史，具有"油而不腻，酥而不散，既香又糯，甜中带咸"的特点。而姑嫂饼所用的配料，既是当时的发明者，即姑嫂二人通力合作的结果，也是姑嫂之间相互体谅、相互帮衬、和睦相处的结果。

由上可见，谦恭和顺是一种美德，是儒家倡导的修身养性的重要内容，也是保持家庭和睦的必要前提。

女论语

（唐）宋若莘　宋若昭

题解

《女论语》是我国唐代以女性视角审视、倡扬儒家礼教思想的一部伦理学著作。据《新唐书·后妃传》和《旧唐书·后妃传》记载：《女论语》又名《宋若昭女论语》，由唐代宋氏姐妹撰写（宋若莘著，宋若昭作解）。

宋氏姐妹出身书香门第，且勤奋好学，在唐贞元年间已闻名遐迩。唐德宗将她们接入宫中，不以妾侍相待，而尊称为"学士"。同时，由于她们还兼及教导诸皇子公主，又被称为"先生"。

《女论语》凸显了唐代中晚期形成的儒、道、释三教鼎立的中国文化总体格局的印记。前代儒家女训，多是正面疏导。而《女论语》在内容上则吸收了佛教的因缘、因果报应等思想，将宗教戒律的惩罚性引进女训，使其具有一定的心理强制性和威慑性特征。《女论语》开创了唐以后女训教化与惩戒相结合的先河，较之前代同类著述有了鲜明的时代特征。它以通俗易懂、朗朗上口的韵文形式，反映了中唐以后女教逐渐下移的现象，首开教化下层妇女的礼教著述之端绪，在古代女子礼教史上具有独特的地位。

《女论语》内容包括：《女论语序传》、《立身章第一》、《学作章第二》、《学礼章第三》、《早起章第四》、《事父母章第五》、《事舅姑章第六》、《事夫章第七》、《训男女章第八》、《营家章第九》、《待客章第十》、《和柔章第十一》、《守节章第十二》。

女论语序传

原文

大家^①曰：妾乃贤人之妻，名家之女，四德粗全^②，亦通书史。因辍^③女工，闲观文字。九烈^④可嘉，三贞^⑤可慕。惧夫后人，不能追步，乃撰一书，名为论语。敬戒相承，教训女子。若依斯言，是为贤妇。罔俾前人，独美千古。

注释

①大家（tài gū）：指汉代曹大家班昭。②四德粗全：妇德、妇容、妇言、妇功，四者基本具备。③辍（chuò）：中途停止。④烈：光。九烈：指女子德行完备，上荣高祖，下荫子孙。⑤三贞：女子在家孝顺父母，出嫁孝顺公婆，敬于夫子。

译文

曹大家班昭说：我作为贤人之妻，名门之女，基本上具备了四德（妇德、妇容、妇言、妇功），并遍览经传子史。后来因为不需要做女红，便有时间读书学文。作为女子，应该能够上荣高祖，下荫子孙，光烈昭于九族；能够在家孝顺父母，出嫁孝顺公婆，敬于夫子。因担心后世女子不能效法追行先贤美德，乃编纂此书，名为《女论语》，以便让女子作为女仪规则恭敬奉行。若能依《女论语》而行,便是有贤德的女子,弘扬女教就不会后继乏人,让前贤独享美名。

解读

《女论语》是唐代贞元年间宋氏姐妹撰写的一部女子训诫书籍。既然《女论语》是由宋氏姐妹所著,那么为什么在《序传》里却托曹大家之名,说是"大家曰"呢?这是因为古代普通女性都不敢自居其名,就像《女孝经》出自唐朝郑氏,也因所谓"不敢自专",而托名曹大家班昭。

古人云:"治天下,首正人伦;正人伦,首正夫妇;正夫妇,首重女德。"在古人看来,有了对女德的重视,社会上才会有贤女。有贤女才会有贤妻,有贤妻才会有贤母,有贤母才会有贤子,乃至圣贤。圣贤辈出的时代,是家庭和睦、国泰民安的时代。

李唐王朝自"安史之乱"后,一直处于藩镇割据、外族入侵的动荡之中。重新建立稳固的社会秩序,恢复强化原有的家庭伦理纲常,便成为全社会的迫切需求。这一需求体现在女训上,就是重视树立贞节观念,加强女性礼法教育,皇室、庶民均须守礼遵法。于是,《女论语》便应运而生。宋氏姐妹托班昭之口,参考、吸收《女诫》等女训内容,并冠名《女论语》,表明其对儒家思想体系的尊崇与传承。

《女论语》的内容虽然有诸多的精华可以吸取,但也存在着一些封建糟粕需要加以剔除,对此,我们应予以辩证分析。

立身章第一

原文

凡为女子,先学立身,立身之法,惟务清贞。清则身洁,贞则身荣。

行莫回头,语莫掀唇。坐莫动膝,立莫摇裙。喜莫大笑,怒莫高声。

内外各处,男女异群。莫窥外壁,莫出外庭。出必掩面,窥必藏形。

男非眷属①,莫与通名。女非善淑,莫与相亲。立身端正,方可为人。

注释

①眷属:亲属。

译文

对于女子来说,首先要做的事情就是立身。立身的法则在于贞洁安静、纯一守正。贞洁安静使自己洁净无玷,纯一守正使自己身立名荣。

行走时不要随便回头,讲话时不要掀唇露齿。坐时不要摇晃膝盖,站立时不要左摇右摆。高兴时不要狂喜,发怒时不要咆哮。

男子居住在外院,女子居住在内院;男子行走于左边,女子行走于右边,各不相犯。女子无事不要从窗户里向外东张西望,不要走出外面的庭院。不得已要出去时,要用巾扇遮面;不得已要窥视外面的话，要隐蔽好自己。

男子不是兄弟至亲，与其言语交谈时不得通称姓名。

女子如果不贤善柔淑，与其交往时不可过于亲近。唯有如此，才能端庄正大地立身，进而成为贤人。

解读

《女论语》以通俗的韵文形式，反映了中唐以后儒教逐渐复兴的势头和女教逐渐下移的现象。

本章是《女论语》的总纲。《女论语》主要是教女子如何立身的，因此，本章的章名就是《立身章第一》。立身即修身，无论男女都是要以立身为重。《大学》强调："自天子以至于庶人，壹是皆以修身为本。"修身是根本，只有修身，才能够齐家，进而治国、平天下。

中国古代女子和男儿一样，也十分注重修身。清代文康所作的《儿女英雄传》（原名《金玉缘》），描写的是清朝副将何杞被纪献唐陷害，死于狱中，其女何玉凤改名十三妹，出入江湖，立志为父报仇的故事。文康笔下的十三妹，刚刚闯荡江湖时，虽然是一位智勇双全、轻财重义、疾恶如仇、肝胆照人的侠女，但却心高气傲，目中无人、口角锋利、咄咄逼人。她与安骥相遇在悦来客店，救难于能仁寺。当她成为安家的媳妇后，安骥的父亲安学海用儒家的伦理道德感召她，用女德的规范教化她，使她注重修身养性，以立身为本，逐渐成为一个懂礼仪、有教养的女德楷模，为世人所效法。

在此需指出的是，本章有关"内外各处，男女异群。莫窥外壁，莫出外庭。出必掩面，窥必藏形"及"男非眷属，莫与通名"等话语，明显地带有束缚女性自由的内容，在今天看来已不合时宜，但其中有关教育女性要养成知书达理、纯洁善良、温柔贤淑、矜持端庄的优秀品质的内容，仍然具有现实意义。

学作章第二

原文

凡为女子,须学女工。纫麻缉苎①,粗细不同。车机纺织,切勿匆匆。

看蚕煮茧,晓夜相从。采桑摘柘②,看雨占风。潭湿即替,寒冷须烘。

取叶饲食,必得其中。取丝经纬,丈足③成工。轻纱下轴,细布入筒。

绸绢苎葛,织造重重。亦可货卖,亦可自缝。刺鞋作袜,引线绣绒。

缝联补缀,百事皆通。能依此语,寒冷从容。衣不愁破,家不愁穷。

莫学懒妇,积小痴慵④。不贪女务,不计春冬。针线粗率,为人所攻。

嫁为人妇,耻辱门风。衣裳破损,牵西遮东。遭人指点,耻笑乡中。

奉劝女子,听取言终。

班昭　後漢
蘭

夫敬非他持久之謂也夫順非他寬裕之謂也持久者知止足也寬裕者尚恭下也

歲次丙申年荷月
楊寶平

機杼之妻

桃夭
蘭山

注释

①绩苎（zhù）：把麻拆成缕连接起来。②柘（zhè）：柘树，落叶灌木或乔木，树皮灰褐色，有长刺，叶子卵形或椭圆形，花小，排列成头状花序，果实球形。叶子可以喂蚕。③疋（pǐ）：同"匹"。④慵（yōng）：懒散，懒得动。

译文

对于女子来说，一定要学会女工。麻苎要仔细地来加以缝纫，麻苎的粗细各不相同，一定要各归其类。把麻苎放在纺车上纺织时一定要谨慎，不可匆忙。

纺丝要用蚕茧，养蚕煮茧之事来不得半点马虎，需夜以继日，辛勤料理。把桑叶和柘叶采摘下来养蚕，蚕晾在架子上饲养，要注意气候的变化。当养蚕的地方有垢污了或者弄湿了要马上替换。天气冷了，要用炭火来进行烘焙。

给蚕喂食桑柘的叶子不能够过饱或过饥，要适得其中。蚕长大了吐丝结茧，抽丝时要注意经线和纬线的走向，抽丝剥茧后织成丝绸，便成为做衣服的材料。轻纱纺成了丝织品，要用卷轴卷起。细布卷成一卷后再入筒存置。

绸、绢、苎、葛各类粗细不同的布料，需要不断地纺织和积累。这些织出来的丝布积聚后可以进行买卖，也可以缝制衣服，做成鞋袜。

制作精美的刺绣品以及缝补衣物，能利百事。女子如果能够依照上面所说去做，就不用担心天气寒冷，不用害怕衣服破损，也不用担忧家中穷困。

千万不要学习那些懒惰

的女子，自小养成了慵懒的恶习，从而变得愚痴。如果不懂得女子的事务，不知晓春蚕冬酝，不会做细致的针线，就会遭到他人的讥笑。

这样的女子出嫁为人妇后，就会败坏娘家门风，让自己父母蒙羞。衣服破损不会缝补，就会遭旁人指点，被乡亲邻里所耻笑。

因此，奉劝女子对此一定要听取忠告，引起重视。

解读

《学作章第二》主要是教育女子要养成勤劳的习惯，学会女红，勤俭持家，使家庭和睦兴旺。

汉朝陆续的母亲即是一位治家有方的典范。陆续做官后，因为当时有人谋反，结果受到牵连而被关进了洛阳的监狱。陆续母亲从家乡走到洛阳看望儿子，结果狱卒不让他们母子见面。陆续母亲只好回到旅店，亲手准备了饭菜，托人将其送给狱中的儿子。结果陆续一看到饭菜，立刻就悲痛得泪流不止。看管他的狱卒见其如此悲伤，就问其故："你为什么这么悲伤？这是谁给你送的饭菜？"陆续说："这是我母亲亲手做的饭菜，很可惜我这个做儿子的不孝，现在深陷牢狱，难得母亲来看我，结果还见不了面，所以悲从中来。"狱卒好奇地问："你怎么知道这饭菜是你母亲做的？"陆续回答说："我看到这个饭菜中的肉切得方方正正，葱都是以一寸为单位，切得整整齐齐，就知道一定是出自我母亲之手。"狱卒听了陆续的话非常感动，于是就将陆续母子的这一段故事禀报了上级。上级得知后也十分感动,不久便赦免了陆绩,让他们母子团聚。陆绩母亲以其做事认真、持家有方、勤于女红而拯救了儿子。

女子的德行往往不需要以轰轰烈烈的行为来证明,而是体现于日常生活的一言一行、一举一动之中。如果对每一样事情,都以认真恭敬的心去做,不也就在成就圣贤之道吗?

学礼章第三

原文

　　凡为女子，当知礼数。女客相过，安排坐具。整顿衣裳，轻行缓步。敛手低声，请过庭户。问候通时，从头称叙。答问殷勤，轻言细语。备办茶汤，迎来递去。莫学他人，抬身不顾。接见依稀，有相欺侮。

　　如到人家，当知女务。相见传茶，即通事故。说罢起身，再三辞去。主若相留，礼筵待遇。酒略沾唇，食无叉筯①。退盏辞壶，过承推拒。莫学他人，呼汤呷②醋。醉后颠狂，招人所恶。身未回家，已遭点污。

　　当在家庭，少游道路。生面相逢，低头看顾。莫学他人，不知朝暮。走遍乡村，说三道四。引惹恶声，多招骂怒。辱贱门风，连累父母。损破自身，供他笑具。如此之人，有如犬鼠。莫学他人，惶恐羞辱。

注释

①筯（zhù）：同"箸"，筷子。②呷（xiā）：小口饮。

译文

作为女子，应该知晓礼数。女客未来之前，要事先准备好坐具、茶具。要整肃仪容，理正衣裳。行为要稳重安详，轻步低声，和颜悦色。待客时要将女客迎请至内室之中，相互问候，从容叙旧。客人有问，主人必定有答，言语之间显现出周到热情，声音轻盈而不高声。招待客人的饮食、茶水都尽可能用最好的，迎送献酬以尽地主之谊。不要学习那些傲慢无礼之人，客人来了不起身相迎，接见急慢，礼貌不周，这是对宾客的欺侮。

如果到别人家做客，应当知晓女子所应遵守之礼。坐定之后，茶上来了，开始叙旧。话说完了不要流连太久，应该起身告辞。主人如果很热情，设宴款待，喝酒时酒稍微沾唇，筷子夹完菜后整齐摆放好。主人若劝酒，应该予以推辞。该起身告辞时，不得恋坐，拖延迟缓有失礼节。莫要效仿那些在席间狂饮大嚼、醉酒后言语狂妄招人厌恶之人。酒醉后还未回到家中，名声已被玷污，必然为人所鄙视。

女子不宜出门庭，不可四处游走。不得已而出行的话，应遮蔽面容，低头顾步缓行，而不失礼仪。千万不要学那些无知的女子，不顾早晚地走家串户，搬弄是非而自取其辱。这样做既玷辱家门，让自己父母蒙羞，又败坏了自己的声名，成为他人的笑柄。这样的人，就像狗和鼠一样招人厌恶。因此，千万不要学这样的人自招羞辱。

解读

《学礼章第三》主要是阐明体现女性教养的各种礼数。《礼记》认为：礼者，体也。"体"是指"本体"，是做人的根本。礼有体有用，礼之体是正心诚意，礼之用是待人接物。用至诚之心去待人接物，就是体用一源、体用不二。

在孔子的仁学体系中，"仁"与"礼"是分不开的。孔子说："人而不仁，如礼何？"（《论语·八佾》）他主张"道之以德，齐之以礼"的德治，打破了"礼不下庶人"的限制。孔子教育他的儿子时，明确指出："不学礼，无以立。"（《论语·季氏》）"无以立"，就是不能在社会上立足。所以学礼、知礼非常重要。

到了战国时期，孟子把仁、义、礼、智作为基本的道德规范，礼为"辞让之心"，成为人的德行之一。荀子比孟子更为重视礼，他著有《礼论》，论证了"礼"的起源和社会作用。认为礼使社会上的每个人，都在各自不同的等级秩序中处于恰当的地位，从而使社会和谐有序。

《孝经》曰："礼者，敬而已矣。""礼"的核心是"敬"。"敬"既是一种态度，亦是一种精神。这种精神培育了中华民族的美德，使中国成为礼仪之邦。

虽然本章有关女子"当在家庭，少游道路。生面相逢，低头看顾"等内容，体现了封建礼教的痕迹，但要求女子应注重礼仪、学习礼仪等相关论述，对于培养女性的以礼待人、知书达理、端庄贤淑、宽人律己的优良品行，仍有其现代价值。正如时下人们常说的：一个女性可以不漂亮，但是不能没有气质。气质来自于教养，有教养的女性是得体的、有魅力的，这种教养主要来自于诗书的熏陶、礼仪的滋养，正可谓：腹有诗书气自华。因此，无论什么时代，学习诗书、践行礼仪都极为重要，只是不同时代有不同内容的礼仪而已。

早起章第四

原文

凡为女子，习以为常。五更鸡唱，起着衣裳。盥漱已了，随意梳妆。拣柴烧火，早下厨房。摩锅洗镬①，煮水煎汤。随家丰俭，蒸煮食尝。安排蔬菜，炮豉舂姜。随时下料，甜淡馨香。整齐碗碟，铺设分张。三餐饭食，朝暮相当。侵晨早起，百事无妨。

莫学懒妇，不解思量。黄昏一觉，直到天光。日高三丈，犹未离床。起来已晏，却是惭惶。未曾梳洗，突入厨房。容颜龌龊，手脚慌忙。煎茶煮饭，不及时常。

又有一等，铺啜争尝。未曾炮②馔③，先已偷藏。丑呈乡里，辱及爷娘。被人传说，岂不羞惶？

注释

①镬（huò）：锅。②炮（bāo）：把物品放在器物上烘烤或焙。③馔（zhuàn）：陈设饮食。

译文

女子应该养成早起的习惯。五更鸡鸣时就要穿衣起床，洗漱完毕后，从容梳妆。然后准备柴火进入厨房，清洗锅灶，煎煮茶水以敬公婆。所煮饭菜要和家里经济情况相适应。蒸煮饭菜时，要品尝一下味道。准备好蔬菜和腌制的豆豉椒姜等调料品。所下调料要恰到好处，甜淡适中。菜做好了以后，要按照人数将碗碟摆设整齐。每天三餐饭，都要这样去做。正因为清晨早起，一天的事情都能做得很顺当。

不要学那些懒妇，无所用心，刚刚黄昏就入睡，一觉睡到大天亮。太阳都已经老高了，还没有起床。起来晚了，难免惭愧和惶恐，还没来得及梳洗，只好匆忙下到厨房。蓬头垢面，手忙脚乱地煎茶煮饭，结果不能及时做出适宜的饭菜。

还有更次一等的妇人，做饭时总是自己先偷吃饱尝。如此还不够，在还未给家人摆设好饮食之前，先将一些好吃的私藏起来。这种不良品性，被邻里知道后，会让父母蒙羞。此事若被人传扬，怎能不感到羞愧和惶恐？

解读

《早起章第四》主要是教育女子应勤劳早起，妥当地料理好各种家庭事务，以尽到一个女子应尽的职责。《弟子规》也主张："朝起早，夜眠迟，老易至，惜此时。"本章对于培养女性养成勤劳持家、和睦家人等优秀品质，无疑具有重要意义。

俗话说得好：早起三光，晚起三慌。无论男女，要想一生有所作为，绝不能懒惰。"温公警枕"的传说，说的就是北宋司马光勤奋学习终成大器的故事。司马光六岁时，父亲就教他读书，并常常讲一些少年有为、刻苦学习的故事来激励他，使他逐渐养成了勤奋好学的习惯。开始读书时，往往同伴都背熟了，他还不会。于是便加倍努力，独自苦读，直到背得烂熟为止。时间一久，他便养成一个读书习惯，那就是比别人多读几遍，读时比别人多一些思考。有时白天读书太累了，到了晚上往床上一倒便呼呼大睡，直到天亮才醒。这样几天下来，司马光便感到晚上的时间都在睡觉，非常可惜，于是便想出一个点子：他把平时睡的枕头搁在一边，用一段圆木来代替枕头。枕着这个枕头睡觉，睡熟后只要一翻身，头就会滑下来，人就会被惊醒，这样又可以继续读书了。这个办法果然有效，时间一长，他和圆木枕头有了感情，并将其称作"警枕"。司马光就这样夜以继日、孜孜不倦地学习，其结果是，学业不断长进，最终成为宋代著名的政治家、史学家和文学家，死后被追赠为太师、温国公。"温公警枕"的故事也由此流传下来，司马光也因此成为激励后人刻苦学习的榜样。

事父母章第五

原文

女子在堂，敬重爹娘。每朝早起，先问安康。寒则烘火，热则扇凉。饥则进食，渴则进汤。父母检责，不得慌忙。近前听取，早夜思量。若有不是，改过从长。父母言语，莫作寻常。遵依教训，不可强梁。若有不谙，借问无妨。父母年老，朝夕忧惶。补联鞋袜，做造衣裳。四时八节，孝养相当。父母有疾，身莫离床。衣不解带，汤药亲尝。祷告神祇，保佑安康。设有不幸，大数身亡。痛入骨髓，哭断肝肠。劬①劳罔极②，恩德难忘。衣裳装检，持服居丧。安理设祭，礼拜家堂。逢周遇忌，血泪汪汪。

莫学忤逆，不敬爹娘。才出一语，使气昂昂。需索陪送，争竞衣妆。父母不幸，说短论长。搜求财帛，不顾哀丧。如此妇人，狗彘③豺狼。

注释

①劬（qú）：过分劳苦、勤劳。②罔极（wǎng jí）：无穷尽。③彘（zhì）：猪。

译文

女子出嫁之前，要孝敬父母。每日早起，要先向父母问安。当父母寒冷时要预备炭火，炎热时要为其扇凉。当父母饥渴时，要能够及时准备好饮食。父母呵责时，不可急于进行强辩。要在父母身边恭敬地听从教诲，并早晚反省。若有过错，贵在能改。父母的话，要认真对待。要恭顺地接受父母的教诲，不可自以为是、胡搅蛮缠。如果有不明白的地方，不妨虚心向父母询问请教。父母年迈了，忧虑他们光景无多。时常为父母缝补鞋袜，剪裁衣裳。随着节令变化，要想到父母的寒暑需求。父母生病时，要早晚侍奉床前，和衣而睡，汤药必先自己先尝。虔诚地祷祝神明，保佑父母安康。父母如果不幸辞世，内心应万分凄痛，并哀恸呼号。父母历尽千辛万苦养育子女的恩德，应永世不忘。给父母穿上寿衣，入殓进棺，自己穿上孝服居丧，并慎重、周到地操办丧礼以显孝心。每遇父母的周年忌日，必哀伤哭泣，加以祭祀。

不要仿效那些忤逆不孝之人，不孝敬父母。父母稍有训斥，便心生怨愤。女子未出嫁时，争竞衣服首饰，索取嫁资。当父母身故时，则闲言絮语，推三阻四，不尽孝心。父母辞世后，又搜求父母遗产，全无哀凄之心。这样的女子真是猪狗不如，狠如豺狼。

解读

《事父母章第五》教育女子要对父母尽孝，无论是父母生前，还是身后。百善孝为先，孝是德之本。女德也是以孝为先，以孝为本。

《三字经》有这样的记载："香九龄，能温席。孝于亲，所当执。""黄香温席"的故事，至今被世人传颂。说的是东汉时的黄香（约公元68—122），字文强（疆），江夏安陆（今湖北云梦）人。由于他广泛诵习儒家经典，年幼时便知事亲之理。他九岁时母亲就去世了，于是便与父亲相依为命。由于父亲体弱多病，黄香便主动承担家务，辛勤劳作，照顾父亲。寒冷的冬天，黄香为让父亲少挨冷受冻，就用自己的体温为父亲温暖被窝。炎热的夏天，黄香家的房子闷热，蚊蝇又多，他就用扇子将蚊蝇驱走，并扇凉父亲睡觉的床和枕头，以便让父亲早些入睡。由于他道德文章并重，后被任命为郎中、尚书郎、尚书左丞、尚书令，任内勤于国事，一心为公，晓熟边防事务，调度军政有方，受到汉和帝的嘉赏。正如时人所言：能孝敬父母的人，也一定懂得爱百姓，爱国家。

黄香对父亲的孝心，曾感动、教育了无数世人。在有了空调的现代社会，虽然"黄香温席"的具体做法已不需要效仿了，但对父母的孝心则永远不会过时。

事舅姑章第六

原文

阿翁阿姑，夫家之主。既入他门，合称新妇。供承看养，如同父母。敬事阿翁，形容不睹。不敢随行，不敢对语。如有使令，听其嘱咐。姑坐则立，使令便去。早起开门，莫令惊忤①。洒扫庭堂，洗濯②巾布。齿药肥皂，温凉得所。退步阶前，待其浣洗。万福一声，即时退步。

整办茶盘，安排匙筯。香洁茶汤，小心敬递。饭则软蒸，肉则熟煮。自古老人，齿牙疏蛀。茶水羹汤，莫教虚度。

夜晚更深，将归睡处。安置相辞，方回房户。日日一般，朝朝相似。传教庭帏，人称贤妇。

莫学他人，跳梁可恶。咆哮尊长，说辛道苦，呼唤不来，饥寒不顾。如此之人，号为恶妇。天地不容，雷霆震怒。责罚加身，悔之无路。

注释

①忤（wǔ）：逆，不顺从。②濯（zhuó）：洗。

译文

公婆是夫家的主人。既然嫁入夫门，就要尽新妇之礼。对公婆敬事供奉，如同对待自己的父母。孝敬公公，要和颜悦色，不敢仰视其面容，不敢跟随得太近，不敢对视着说话。如果公公有指令，需依其嘱咐而行。婆婆坐着时，媳妇要侍立在一旁，随时待命而去。每天早起开门，开门的声音不能太大而吵醒公婆。早晨要打扫庭院和厅堂的卫生，为公婆清洗好手巾、面巾，准备好洗漱的用品和温凉适当的洗脸水。并将洗漱用品送到公婆住所，自己退立一旁，等待他们盥洗完毕，道一声万福，退入厨房，料理茶饭。

进入厨房后，要收拾洗刷茶盘碗碟，摆放好碗筷，准备香甜干净的茶水，恭敬地为公婆奉上饮食。饭要蒸软，肉要煮熟，因为老人牙齿已稀疏松动。早餐过后，在适当的时候，还要为公婆奉上茶汤果饼以备食用，不要让老人日长腹空。

夜晚公婆要入睡了，媳妇应为公婆铺好床铺，然后辞别公婆，方能回到自己的房间。应天天如此，持之以恒。这样一来，美名必传播于庭帏和邻里之间，成为人人都称赞和效仿的贤妇。

不要学习那些恣意妄为的女子，辱骂公婆，唠叨辛苦，不听使唤，不问公婆饥寒温饱，这样的媳妇便是恶妇。这样的人为天地不容，必遭受报应，到时后悔都来不及。

解读

《事舅姑章第六》专门讲述女子出嫁以后，要对公婆尽孝的道理以及尽孝的具体做法。尽管一些尽孝的具体做法，在今天看来已经过时，但对公婆的一片孝心，则是需要永远保持的。

《弟子规》要求子女应做到："父母呼，应勿缓。父母命，行勿懒。"父母呼叫儿女，要马上答应，不能够迟缓。父母有事要儿女去做，要立刻行动，不可拖延或推辞偷懒，这是对父母的一种恭敬。孔子的弟子曾经请教老师：以很丰厚的饮食奉养父母，这个算不算是尽孝呢？孔子说："至于犬马，皆能有养。不敬，何以别乎？"（《论语·为政》）如果对父母没有恭敬心，只知道用饮食供养，那么，赡养父母跟养狗、养马有什么区别呢？哪能叫尽孝呢？所以敬孝第一要培养的是"敬"，一切人伦之道都是以爱敬心为基础的，孝必定要跟恭敬心联系起来。当一个女子在娘家养成了对父母柔顺的态度与恭敬的诚心后，到了婆家就应以同样的恭敬之心去孝敬公婆。

汉代刘向所编《说苑》中云："病加于小愈……孝衰于妻子。"意思是，病没彻底好就不吃药了，结果病情就会进一步恶化；男子娶妻生子后容易忘记父母的养育之恩，就忘了尽孝了。为什么一个男子原本能够尽孝，但自从娶妻生子后，对父母的孝心就一日比一日淡薄了？此问题值得深思。如果是因为娶来的媳妇不贤惠，没有帮助夫君去尽孝，因而让孝心减弱了，那么，做媳妇的就应该反思自己的所作所为是否违背了孝道。可见，媳妇不仅自己要尽孝，更应该劝说和鼓励丈夫尽孝，这才算真正懂得了"孝道"。

事夫章第七

原文

女子出嫁，夫主为亲。前生缘分，今世婚姻。将夫比天，其义匪轻。夫刚妻柔，恩爱相因。居家相待，敬重如宾。夫有言语，侧耳详听。夫有恶事，劝谏谆谆。莫学愚妇，惹祸临身。

夫若出外，须记途程。黄昏未返，瞻望思寻。停灯温饭，等候敲门。莫若懒妇，先自安身。

夫如有病，终日劳心。多方问药，遍处求神。百般治疗，愿得长生。莫学蠢妇，全不忧心。

夫若发怒，不可生瞋①。退身相让，忍气低声。莫学泼妇，斗闹频频。

粗丝细葛，熨贴缝纫。莫教寒冷，冻损夫身。家常茶饭，供待殷勤。莫教饥渴，瘦瘠苦辛。

同甘同苦，同富同贫。死同棺椁②，生共衣衾③。能依此语，和乐瑟琴。如此之女，贤德声闻。

注释

①瞋（chēn）：睁大眼睛瞪人；生气，发怒。②椁（guǒ）：套在棺材外面的大棺材。③衾（qīn）：被子。

译文

女子出嫁后，丈夫为一家之主。前世修来的缘分，今世才喜结连理。妻子敬重丈夫如天一般，内心谦卑柔顺，这是天地之大义。丈夫刚健，妻子柔顺，如此才能夫妻恩爱，相敬如宾。夫妻相处时，若丈夫有话要交代，妻子应洗耳恭听不能怠慢。如果丈夫行不善之事，妻子要劝诫制止。不要学习那些愚蠢的妇人，为丈夫过错袒护包庇，结果灾祸临身，悔不当初。

丈夫如果外出，远近都要问清并记住途程和归期。如果黄昏仍未归还，需翘首盼望，把灯留住，把饭菜热好，等候丈夫回来。不要像懒惰的妇人那样，什么都不准备，丈夫还没有归来自己就独自入睡。

丈夫如果身体有病，应终日小心看护，求医问药，求神问卜，想方设法进行救治，使其能够长寿。不要向那些愚蠢的妇人一样，任由丈夫生病，不管不问。

丈夫如果生气发怒，妻子不要心生怨恨。应忍气退让，不可言语抵触。千万不要效仿那些泼妇与丈夫斗嘴争横，导致矛盾愈演愈烈。

为丈夫准备好四季穿着的衣裳，及时熨帖缝纫，莫让寒冷冻伤了丈夫的身体。家常便饭，要殷勤侍奉，莫让饥渴令丈夫遭罪致疾。

夫妻之间应该同甘共苦，同舟共济，死则并棺合葬，生则同被共寝。如果能够这样去做，夫妻之间就会琴瑟和谐，这样的妻子也必然因贤德而闻名遐迩。

解读

《事夫章第七》主要讲的是事夫之道、夫妻相处之理。

古人曰：乾德如天高，坤德似地厚；乾德性豪壮，坤德品坚贞；乾德山难撼，坤德可海涵。正可谓：自强不息乾龙健，厚德载物坤马顺。

中国古代的贤妇，深谙事夫之道，为后人树立了榜样。唐朝人贾直言，因为犯了事被充军到岭南，不知道何时归来。当时他的妻子董氏还很年轻，所以贾直言临行前对妻子说："我的死活不可预料，我走了之后，你还是赶紧嫁人吧（唐朝较为开放，女子可以再嫁），不要等我了。"结果董氏拿了一条绳子把自己的头发簪束起来，用一块绸子把头发给封起来，然后让贾直言在绸子上签名并发誓说："如果不是你亲手回来把这个绸子解开，那么这个绸子在我头上就从此不再解开了。"如此过了二十年，贾直言充军期满回到家里，发现那个绸子还绑在妻子的头发上。贾直言看到这个情景，立刻亲自替妻子解开头发，感动得痛哭流涕。董氏的做法，虽然有其极端的一面，但她将夫妻之义看得比生命、身体都还重要，从而坚守爱情、忠贞如一的行动，还是足以让天地动容的。

古代的事夫之道，固然含有束缚女性身心、压制女性自由的内容，但其中蕴含着的夫妻应相互关爱、同甘共苦、相濡以沫、白头偕老的理念，对于今天身处婚姻状态中的男女保持婚姻的纯洁和长久，亦有其正面价值。

训男女章第八

原文

大抵人家，皆有男女。年已长成，教之有序。训诲之权，实专于母。

男入书堂，请延师傅。习学礼仪，吟诗作赋。尊敬师儒，束脩①酒脯②。

女处闺门，少令出户。唤来便来，唤去便去。稍有不从，当加叱怒。朝暮训诲，各勤事务。扫地烧香，纫麻绩苎。若在人前，教他礼数。递献茶汤，从容退步。

莫纵娇痴，恐他啼怒。莫纵跳梁，恐他轻侮。莫纵歌词，恐他淫污。莫纵游行，恐他恶事。

堪笑今人，不能为主。男不知书，听其弄齿。斗闹贪杯，讴歌习舞。官府不忧，家庭不顾。女不知礼，强梁言语。不识尊卑，不能针指。辱及尊亲，有玷父母。如此之人，养猪养鼠。

注释

①束脩（xiū）：十条腊肉，古代入学敬师的礼物。②脯：肉干。

译文

男女成家后，必定要养儿育女。在儿女逐渐长大的过程中，要按照教育规律循序渐进地来教导他们，教导儿女的任务以母亲为主。

男孩子六岁入学读书，请明师施教，学习礼仪、吟诗作赋。一定要尊师重道，按照礼节拜望老师以表敬意，不可失礼。

女孩子从小应待在家里，少出门户，以听从长辈使唤。如不听从，应当严加训斥，以防助长其骄矜之心。要从早到晚教诲女孩子勤于内务，教她打扫卫生，为祖宗烧香祭祀，纫麻以供针线，缉苎以成布匹。若有宾客女眷来家，应教其礼数周全，殷勤款待茶水，然后退步立于母亲身后。

不要纵容女孩骄慢愚痴、无故啼号的坏习气。不要纵容女孩飞扬跋扈、轻侮长辈；不要纵容女孩习听淫词，玷污内心；不要纵容女孩闲行游玩，恣意妄为。

然而可笑的是，如今之人不懂得如何教育孩子。男孩子如果不教其诗书礼仪，任由其逞强斗嘴，嬉闹酗酒，歌舞邪淫，将来会不害怕官府法度，不顾及家庭正务。女孩子如果不教其礼让，任由其斗嘴逞强，不敬尊长，不习女红，最终会使父母蒙羞。如果这样的话，生儿育女就犹如养猪养鼠一般。

解读

《训男女章第八》主要是彰显母仪之道。有远见的母亲会站在社会的角度看待教育问题，不仅要想到让子女成为什么样的人，还要考虑到社会需要什么样的人，意即要将子女培养成有益于社会的人才。

我们都听说过"孟母三迁"的故事，孟子小时候也跟一般小孩一样调皮且爱玩耍。他家最初住在坟场附近，孟子看到一些人每天在坟场祭祀哭泣，便也跟着学。孟母想这样下去对孩子成长没什么好处，于是便搬家了。新家的附近有一个集市，孟子又学着做买卖，孟母觉得这样也不利于孩子的成长，于是又搬家。最后搬到学校附近，孟子就每天学礼仪，读诗书，变得既有礼貌，又有学问。

由于孟子小时候很贪玩，有一次还没到放学时间就回到家里。孟母就询问儿子："你为什么今天这么早回来？"在得知儿子由于贪玩未去上学时，孟母立即拿把剪刀走到织布机旁把正在织的布剪断了。孟子非常惊讶地问："母亲为什么要这样做？"孟母告诉他说："你今天逃学回家，不就是像我织布织到一半就剪断一样吗？其结果都是半途而废。"在母亲的开导下，孟子从此便开始认真读书，不再逃学，终成为一代大儒。

俗话说，身教重于言教。父母特别是母亲的言行对孩子的影响至关重要。在一定意义上说，没有孟母就不可能有孟子。所以《易》说："蒙以养正，圣功也。"父母从小就要善于培育、

俠女十三妹

丙申蘭□作

扇枕溫衾

孟母三遷

關雎
蘭山

滋养孩子的浩然正气，以成就其理想人格。

在此需要指出的是，本章有关要求女孩子从小应待在家里，少出门户，以听从长辈使唤，如不听从，应当严加训斥的话语，在今人看来，是违反教育规律的，是不利于女孩自由、健康成长的。但其中关于要防止助长女孩的骄矜之心，以养成勤劳善良、温良恭俭让品格的观点，则有其积极意义。

营家章第九

原文

营家之女，惟俭惟勤。勤则家起，懒则家倾。俭则家富，奢则家贫。

凡为女子，不可因循。一生之计，惟在于勤。一年之计，惟在于春。一日之计，惟在于寅。奉箕拥帚，洒扫灰尘。撮除邋遢，洁静幽清。眼前爽利，家宅光明。莫教秽污，有玷门庭。耕田下种，莫怨辛勤。炊羹造饭，馈送频频。莫教迟慢，有误工程。积糠聚屑，喂养孳①牲。呼归放去，检点搜寻。莫教失落，扰乱四邻。

夫有钱米，收拾经营。夫有酒物，存积留停。迎宾待客，不可偷侵。大富由命，小富由勤。禾麻菽麦，成栈②成囤③。油盐椒豉④，盎瓮⑤装盛。猪鸡鹅鸭，成队成群。四时八节，免得营营。酒浆食馔，各有余盈。夫妇享福，欢笑欣欣。

注释

①孳（zī）：动物繁殖，孳生。②栈（zhàn）：储存货物的房屋。③囷（qūn）：古代一种圆形谷仓。④豉（chǐ）：一种用熟的黄豆或黑豆经发酵后制成的食品。⑤盎瓮（àng wèng）：盛水或酒的盆、罐等陶器。

译文

女子经营家庭在于勤俭。勤劳则家业兴旺，懒惰则家业颓败。节俭则家境富裕，奢侈则家境贫困。

大凡做女子的，不可懒惰懈怠。一生之计在于勤劳，一年之计在于春天的耕种，一日之计在于清晨的劳作。清晨拿起簸箕和扫帚洒水扫地，息止灰尘，涤除污秽，房屋内外优雅干净，使得眼前开阔，门户生辉。不要让污秽玷污了门庭。妻子要协助丈夫耕种，不要抱怨辛勤劳苦。丈夫在田里耕种，饭菜茶水要及时送到。不能因迟缓而延误了耕作。存积好米糠饭屑以喂食牲畜。牲畜放出去回来后要检点查寻，莫让牲畜丢失，奔入人家，打扰邻居。

钱米如果有盈余，要收藏打理好。酒食如果有盈余，要存储好以招待宾客，不得私自饮食。大富固然在于天命，而小富则在于勤俭积累。稻谷、芝麻、豆类、小麦等粮食要在仓库里收藏囤积好。油盐椒豉等调料品要用盆罐装盛好。猪鸡鹅鸭蓄养得成群结队。四时八节，都要按照时令来种植、收成，不可匆忙无备。若这样勤俭，凡事有准备，家里的酒水饮食自然会有盈余，夫妇就可享福，家庭就会欢欣喜悦。

解读

《营家章第九》主要阐明女子勤俭持家之道。在古人看来，女子如果从小就学会料理家务，长大出嫁以后自然就能够担当起治家重任。持家是一门学问，经营好自己的家庭，无疑是女子（也应包括家庭所有成员）的要务之一。

明代思想家吕叔简在《闺范》中讲了一个故事，以说明女子持家有方的意义。说的是，唐朝节度使柳公绰的妻子韩氏，是宰相韩休的孙女，她嫁到柳公绰家后，遵循女德，恪守礼仪，从不放纵自己的言行；她勤俭持家，治理家务严谨庄肃、有条有理；日常家用十分节俭，衣服穿着非常朴素，绝不穿戴绫罗绸缎。吕叔简在书中对其大加赞誉："相国孙女，节度使之夫人，金舆绣服，本不为侈。乃独俭素自持，言笑不苟，岂惟韩氏贤？"意思是，韩氏作为宰相的孙女、节度使的夫人，乘坐金碧辉煌的轿子不算奢侈；穿绫罗绸缎、锦绣衣服也不为过。但是韩氏却能严格要求自己，谦恭礼让地以普通女性的身份勤俭持家，恪守"营家"之道，可称为古代真正的贤女。

勤劳节俭、善于持家的传统美德，在今天仍有其时代价值，它有助于财富积累、家庭兴旺、国家昌盛、社会和谐。

待客章第十

原文

大抵人家，皆有宾主。洗涤壶瓶，抹光橐①子。准备人来，点汤递水。退立堂后，听夫言语。细语商量，杀鸡为黍②。五味调和，菜蔬齐楚。茶酒清香，有光门户。红日含山，晚留居住。点烛擎灯，安排坐具。枕席纱厨，铺毡叠被。钦敬相承，温凉得趣。次晓相看，客如辞去。别酒殷勤，十分留意。夫喜能家，客称晓事。

莫学他人，不持家务。客来无汤，慌忙失措。夫若留人，妻怀瞋怒。有筯无匙，有盐无醋。打男骂女，争啜争哺。夫受惭惶，客怀羞惧。

有客到门，无人在户。须遣家童，问其来处。客若殷勤，即通名字。当见则见，不见则避。敬待茶汤。莫缺礼数。记其姓名，询其事务。等得夫归。即当说诉。

奉劝后人，切依规度。

注释

① 橐（tuó）：通"托"。
② 黍（shǔ）：一年生草本植物，叶线形，子实淡黄色，去皮后称黄米，比小米稍大，煮熟后有黏性。

译文

每个家庭都会来宾客。妻子应当事先把壶瓶洗涤干净，把托盘擦拭光亮，以备招待宾客。客人来了，要敬奉茶水，然后退立于堂后，听从丈夫指令。如果在家设宴招待客人，应轻声细语地与丈夫商量食谱，杀鸡煮黍款待客人。饭菜的滋味要调配适口，菜品摆放要整整齐齐。茶水和酒的味道要清香可口，宾客因此赞美称贤，使得门户生辉。日落西山以后，如果客人路途遥远，要挽留客人在家居住。要把灯烛点亮，把客人房屋里的床帐、枕席、毡被铺叠整齐。恭敬地侍奉客人，冷暖温凉都要适宜以让客人晚间能够安睡。第二天早上要问候客人，如果客人要离开，还需设酒食款待送行，做到迎客和送客都非常用心。做到了这些，丈夫将称赞其持家有方，客人将赞许其懂事知礼。

不要学习那些不贤之妇，不会料理家务，客人来了不知如何接待，从而仓皇无措。丈夫要留客，妻子便心怀怨愤，溢于言表。结果是餐具不全，调味品不备。当着客人的面，打儿骂女，孩子们又争抢饮食。这样一来，就使得丈夫感到惭愧和惶恐，客人便会感到羞辱和尴尬。

如果丈夫出门时客人来了，应叫家童代为接待，问客人所来有何事务。如果客人是认识的，就可以见面。如果不合适见面，就适当回避。无论是自己接待，还是令家童接待，都要殷勤敬奉，不可失礼。要把客人的姓名、所来事宜详细记清楚，等待丈夫归来，向其陈说分明。

后世之人，应该依这样的规矩来行事。

解读

《待客章第十》主要是讲妻子协助丈夫款待宾客的道理和规范。待客最重要的是注意礼节。《孝经》中说："礼者，敬而已矣。"礼是外在的表现，敬是内心仁德的彰显。内心有敬意，自然礼数不缺。所以本章讲礼数方面的内容，最重要的还是要求人们内心要有诚敬之意。

东晋名将陶侃，是著名诗人陶渊明的曾祖父。陶侃出身贫寒，小时候家里很穷，陶侃母亲湛氏品德仁厚，性格坚毅，勤俭持家，靠纺织谋生。每当有宾客来访，她必定以礼相待。有一天，被朝廷举孝廉推举上的鄱阳范逵到他们家拜访。当时天下着大雪，家中无钱买米买酒，于是湛氏趁客人与儿子闲坐寒暄之际，剪下自己的头发，换回了一些酒食来招待客人。她还把垫在自己床上的禾草席子拿出来，切碎后帮客人喂马。后来范逵听说了此事，非常感动。他赞叹道："有这样的好母亲必定能教养出好儿子。"后来，陶侃果然成为国家的栋梁之才，被封长沙郡公。咸和九年（公元334），陶侃去世，被追赠大司马。唐德宗时，将陶侃等历史上六十四位名将供奉于武成王庙内，称为武成王庙六十四将。

由此，亦可见女子仁厚知礼、以礼待客的重要性所在。

和柔章第十一

原文

处家之法，妇女须能。以和为贵，孝顺为尊。翁姑瞋①责，曾如不曾。上房下户，子侄宜亲。是非休习，长短休争。从来家丑，不可外闻。

东邻西舍，礼数周全。往来动问，款曲盘旋。一茶一水，笑语忻②然。

当说则说，当行则行。闲是闲非。不入我门。

莫学愚妇，不问根深。秽言污语，触突尊贤。奉劝女子，量后思前。

注释

① 瞋（chēn）：怒，生气。② 忻（xīn）：同"欣"。

译文

女子治家之道，应以和柔为贵，以孝顺为先。如果公婆责备，要能够不记怨于心。生活在大家族当中，对同辈兄弟的儿女晚辈们，应当多加爱怜、体恤。妯娌姑嫂间不要谈论是非，说长道短。对于家丑，不可外扬。

邻里之间交往要礼数周全，睦邻友好。女眷相互之间应礼尚往来,嘘寒问暖,茶水敬奉,谈笑怡然。该说才说,该做才做。是非长短不要议论。

不要仿效那些愚昧的妇人,不知深浅,满口脏话,出口伤人,触犯尊长。奉劝有这些毛病的女子,一定要认真反省改过。

解读

《和柔章第十一》主要是论说女子应以"和柔"为贵、为美,养成和柔之德,尊奉和柔之道。

家以和为贵,家和万事兴。一家能和,百事可立。子孙能够在和顺的环境中健康成长,长大也必定是有德行之人。

和柔如此重要,如何才能做到和柔?女子如果逞强好胜,就难以养成和柔的品格。家庭是亲情的港湾,如果不讲和柔,一味方直,硬碰硬往往会生出很多矛盾。女子以阴柔为美,男子以阳刚为贵,刚柔相济家庭就和谐了。柔并不意味着懦弱,《道德经》说"守柔曰强",能守柔亦可称为强。跟人争强斗狠只是匹夫之勇,真正的强者应能够做到"猝然临之而不惊,无故加之而不怒"。以和柔的态度看待问题,能够做到以柔克刚,才是真正的强者。

在现代社会,"和柔"作为一种伦理道德准则,不仅体现为女子孝敬父母公婆,善于处理夫妻关系、妯娌姑嫂关系和邻里关系等,而且对于现代女性修身养性、完善人格,也同样具有现实意义。与此同时,"和柔"对于人们处理各种人际关系、社会关系,乃至国际关系亦具有启迪意义。

守节章第十二

原文

古来贤妇,九烈三贞①。名标青史,传到而今。后生宜学,亦匪难行。

第一守节,第二清贞。有女在室,莫出闺庭。有客在户,莫露声音。

不谈私语,不听淫音。黄昏来往,秉烛掌灯,暗中出入,非女之经。一行有失,百行无成。

夫妻结发,义重千金。若有不幸,中路先倾,三年重服,守志坚心。保家持业,整顿坟茔。殷勤训后,存殁②光荣。

此篇论语,内范仪刑③,后人依此,女德聪明。幼年切记,不可朦胧。若依此言,享福无穷。

注释

①烈:光。九烈:指女子德行完备,上荣高祖,下荫子孙。三贞:女子在家孝顺父母,出嫁孝顺公婆,敬于夫子。②殁(mò):死(亦作"没")。③刑:通"型"。

译文

自古以来的贤德女子，能够修养德行、贞德完美，讲求三贞九烈。这些贤妇德行名留青史，流传至今，后世女子学习效法，也并非高远难行的事情。

对于女子来说，保持名节为第一要义，贤淑清贞次之。女子应该处于内室，尽量不要出闺门。有客人的时候，女子在内房说话时应低声细语。

女子不要互相谈论私僻之语，不听靡靡之音。女子夜行必定要带着蜡烛，点着灯。晚上不要出入黑暗的地方，以免涉嫌非礼之事而遭人非议。一旦德行有所闪失，就将功亏一篑。

结发夫妻，恩深义重，如果两人不能白头偕老，丈夫中途先逝，妻子应守孝三年，守志终身。要守持家业，祭扫坟墓，教育抚养子女成人，从而生者死者都很光荣。

此篇《女论语》是女德内范的仪型，后人如果依此而行，就能够彰显女德。少女应当熟读此书，深刻理解，切忌懵懂。若能遵循此言行动，就会永远享福。

解读

《守节章第十二》作为《女论语》的最后一章，特别强调女子保持名节的重要性。自古以来人们都尊重贤德贞洁的女子，在古人看来，女子能够守节实谓圣德。

明代思想家吕叔简在《闺范》中，对贞烈女子予以高度赞赏：古代有一位姓郑的女子，长得非常美丽，在战乱之中与丈夫失散了，结果被一名将领看中，逼郑氏嫁给他。这名将领杀人如麻，有吃人肉的嗜好。他抓了一百多个少妇，在郑氏面前每天杀一个来吃以此威胁郑氏。郑氏看到之后，正气凛然地说："我愿意早一点成为你的食品，你就吃我吧！"这名将领不忍心杀她，就把她献给了自己的上司。上司也为郑氏的美色所动，千方百计诱惑她，希望她能够就范。然而郑氏每次都义正词严地骂道："作为官员将领，应该对于义夫节妇特加赏赐，这样才能够正天下之风，但是你们竟然做出此等非礼之事，我宁愿死也不会从你，请赶快把我杀掉吧！"这名大将听了郑氏的话后，心生惭愧，于是下令手下士兵帮助郑氏去寻找失散的丈夫，终使他们夫妇团聚。可见，女子有节操、扬正气，连恶魔都能够被感动。

在此，需说明的是，本章有关"有女在室，莫出闺庭"，丈夫"若有不幸，中路先倾"，妻子应"三年重服，守志坚心"等所宣扬的封建礼教，已不符合现代社会男女平等、婚姻自由的原则。但其要求女子应"殷勤训后，存殁光荣"，即要求女子应教育抚养子女成人，从而让逝者放心、生者幸福的观点，却也有其正面价值。

内训

（明）徐皇后

题解

据《永乐大典》记载,《内训》为明太宗仁孝徐皇后所撰。它辑历代足以劝善惩恶之言行,取其言为"嘉言",采其事为"感应",分别编录而成。因为当时的国人主张"女主内",所以,该书名为"内训"。此书作为明代及后世对女子进行女德教育的教材,产生了深远影响。

徐皇后"幼贞静,好读书,称女诸生"(《明史·列传第一》)。她生性仁厚,为人处世有原则,待妃嫔们有恩,能容人过,有威信。她处理后宫事宜肃然有条,并且时常告诫妃嫔们要和睦相处、待人恭敬。《明史·列传第二》对其赞曰:"文皇后仁孝宽和,化行宫壸,后世承其遗范,内治肃雍。论者称有明家法,远过汉、唐,信不诬矣。"

由于时代的局限,文中难免包含着一些男尊女卑、夫为妻纲、愚忠盲从等封建礼教之糟粕,读者对此应予以鉴别批评。

《内训》内容包括:《御制序》、《德性章第一》、《修身章第二》、《慎言章第三》、《谨行章第四》、《勤励章第五》、《节俭章第六》、《警戒章第七》、《积善章第八》、《迁善章第九》、《崇圣训章第十》、《景贤范章第十一》、《事父母章第十二》、《事君章第十三》、《事舅姑章第十四》、《奉祭祀章第十五》、《母仪章第十六》、《睦亲章第十七》、《慈幼章第十八》、《逮下章第十九》、《待外戚章第二十》。

御制序

原文

吾幼承父母之教，诵《诗》、《书》之典，职谨女事。蒙先人积善余庆，夙备掖庭①之选。事我孝慈高皇后②，朝夕侍朝。高皇后教诸子妇，礼法唯谨。吾恭奉仪范，日聆教言，祗敬佩服，不敢有违。肃事今皇帝③三十余年，一遵先志，以行政教。

吾思备位中宫，愧德弗似，歉于率下，无以佐皇上内治之美，以忝④高皇后之训。常观史传，求古贤妇贞女，虽称德行之懿，亦未有不由于教而成者。古者教必有方，男子八岁而入小学，女子十年而听姆教。小学之书无传，晦庵朱子爰⑤编缉成书，为小学之教者，始有所入。独女教未有全书，世惟取范晔《后汉书》曹大家《女诫》为训，恒病其略。有所谓《女宪》、《女则》，皆徒有其名耳。

近世始有女教之书盛行，大要撮曲礼内

则之言，与《周南》、《召南》、《诗》之小《序》，及传记而为之者。仰惟我高皇后教训之言，卓越往昔，足以垂法万世。吾耳熟而心藏之，乃于永乐二年冬，用述高皇后之教以广之，为《内训》二十篇，以教宫壸⑥。

夫人之所以克圣者，莫严于养其德性，以修其身。故首之以德性，次之以修身。修身莫切于谨言行，故次之以慎言谨行。推而至于勤励节俭，而又次之以警戒。人之所以获久长之庆者，莫加于积善。所以无过者，莫加于迁善。数者皆修身之要，而所以取法者，则必守我高皇后之教也，故继之以崇圣训。远而取法于古，故次之以景贤范。上而至于事父母、事君、事舅姑、奉祭祀，又推而至于母仪、睦亲、慈幼、逮下，而终之于待外戚。

顾以言辞浅陋，不足以发扬深旨，而其条目亦粗备矣。观者于此，不必泥于言，而但取于意。其于治内之道，或有裨于万一云。

永乐三年正月望日序。

注释

①掖庭（yè tíng）：宫中旁舍，妃嫔居住的地方。②高皇后：马氏，明太祖朱元璋的原配。③今皇帝：明成祖。④忝（tiǎn）：辱，有愧于，常用作谦辞。⑤爰（yuán）：于是。⑥宫壸（gōng kǔn）：同"宫闱"，指帝王后宫。

译文

我从小就受到父母的教诲，诵读《诗经》、《尚书》一类的典籍，小心谨慎地做女人该做的事。承蒙先祖积善余庆，我被选入后宫，从早到晚不辞疲倦地侍奉孝慈高皇后。高皇后教育晚辈，在礼法上十分严谨，我恭敬地把高皇后的仪容举止奉为典范，每天聆听她的教诲，对她非常敬佩，不敢有所违背。我恭敬地侍奉当今皇上三十余年，一心一意遵循高皇后的教导，行政教于宫内。

我时常想到自己位居皇后之位，惭愧自己的德行不能配位，不能很好地为内宫下属做出表率，没有辅佐皇上治理好内宫的美德，有愧于高皇后的训诲。我经常阅读史传，以寻求古代的贤妇贞女，发现她们虽然都有值得称颂的美好德行，然而这些德行没有不是通过教育而形成的。古时教育有很好的方法，男子八岁进入小学，女子十岁开始聆听女师的教诲。由于古时小学的教本没有留传下来，晦庵公朱熹便把他读过的有关小学教育的内容编辑成书，从而使得从事小学教育的人有了依据。唯独女子教育没有一个完整的教本，世人往往取范晔《后汉书》所载班昭的《女诫》来教育女子，但又常常苦于其内容过于简略。另外，有所谓《女宪》、《女则》，但都徒存其名而已。

近世才有女教之书盛行，但大体上都是择取《礼记》、《诗经》之词以及古代烈女的传记编辑而成。只有我高皇后的教诲与训诫，远远超过之前的这些言论，足以留给万世作为法则。我常常听闻并熟记在心，于是在永乐二年（1404）冬天，重述高皇后的教诲，把它扩充为《内训》二十篇，以此来教育内宫之人。

一个人之所以能成为圣人，没有比涵养德性、修正行为更重要的了，所以把"德性"放在第一章，其次是"修身"。而修身没有比言行谨慎更重要的了，所以次之以"慎言"、"谨行"，推而至于"勤励"、"节俭"，又次之以"警戒"。人之所以能获得长久的福庆，没有比平时多积德行善更重要的了。人之所以能够不犯或少犯过失，没有比改过从善更重要的了，所以又次之以"积善"、"迁善"。这些都是修身的关键，然而既然用来作为法则，就一定要遵守我高皇后的教诲，所以继之以"崇圣训"。远一点来说，取法于古代的贤女，所以次之以"景贤范"。上而至于"事父母"、"事君"、"事舅姑"、"奉祭祀"，又推而至于"母仪"、"睦亲"、"慈幼"、"逮下"，而终之于"待外戚"。

此书虽言辞浅陋，不足以发扬高皇后教诲的深意，但条目还算完备。读者不必拘泥于言辞，只需取它的意思即可。此书对于治理家事，或许能有所裨益。

　　永乐三年（1405）正月十五序。

解读

　　《御制序》是徐皇后对《内训》这本书的体例、结构及内容要旨的简要概括。

　　徐皇后（1362－1407），为明开国元勋中山王徐达的长女，明成祖朱棣之妻。她从小性情贞静，温柔贤淑，博学好文，知书达理，堪称女秀才。明太祖朱元璋听说了她的贤淑，召来中山王徐达说："我和你是贫贱时的知交，古代君臣关系好的，都结为亲家。你的爱女就许配给我的儿子朱棣吧。"徐达听后，应允谢恩。徐氏待人处事，体贴谨慎，深受太祖及马皇后赞许。永乐元年（1403），被册封为皇后，为明成祖治国安邦献计献策。

　　徐皇后十分重视对女子的教育，她结合历代有关女子教育的著述及孝慈高皇后的有关教诲，著成《内训》二十篇，以教育后宫女子。内容涉及德性、修身、谨言、慎行等方方面面，可谓体系完备，正如她自己在《御制序》中所言："其条目亦粗备矣。"这在当时实属难能可贵。

　　作为明朝乃至中国历史上著名的贤后，徐皇后可谓贤妻良母的典范，她"母仪天下"，给后世留下诸多佳话。

德性章第一

原文

贞静幽闲，端庄诚一，女子之德性也。孝敬仁明，慈和柔顺，德性备矣。夫德性原于所禀，而化成于习，匪由外至，实本于身。

古之贞女，理情性，治心术，崇道德，故能配君子以成其教。是故仁以居之，义以行之，智以烛①之，信以守之，礼以体之。匪礼勿履②，匪义勿由。动必由道，言必由信。

匪言而言，则厉阶成焉。匪礼而动，则邪僻形焉。阃③以限言，玉以节动，礼以制心，道以制欲，养其德性，所以饬身④，可不慎欤。

无损于性者，乃可以养德。无累于德者，乃可以成性。积过由小，害德为大。故大厦倾颓，基址弗固也。己身不饬，德性有亏也。美玉无瑕，可为至宝。贞女纯德，可配京室。检身制度，足为母仪。勤俭不妒，足法闺阃⑤。

若夫骄盈嫉忌，肆意适情，以病其德性，斯亦无所取矣。古语云：处身造宅，黼⑥身建德。《诗》云：俾⑦尔弥尔性，纯嘏⑧尔常矣。

注释

①烛：照。②履：践行，实行。③阈（yù）：门槛，引申为阻隔之义。④饬（chì）身：正身。⑤闺阃（kǔn）：宫院或后宫、内室、闺门，亦特指女子居住的地方，借指女性。⑥黼（fǔ）：古代礼服上绣的黑白相间如斧形的花纹。⑦俾（bǐ）：使。⑧纯：大。嘏（gǔ）：福。

译文

贞洁文静，幽寂娴雅，端正庄重，诚实纯一，是女子内在德性的表现。孝亲敬养，仁爱明察，慈淑和睦，温柔恭顺，是女子外在德行的表现。做到了上面这些，女子的德性就齐备了。人的德性，秉承于有生之初的本性，原本是纯善的，在成长的过程中，因为沾染的习气不同，所以产生了不同的变化。可见，德性不是外在的，而是内生的。

古代贞淑的女子，能够合理地调摄情性，而不紊乱；治理其心术，而无邪僻；尊崇道德，而效法贤明，所以能够与君子相匹配，成功实现内助与教化。因此，应该将"仁"作为内心的主宰，将"义"作为行为的准则，用"智"来观察辨别事物，将"信"作为为人处世的基础，将"礼"作为行事的根本。言行举止符合礼、义、道、信，德性就完备了。

在不该说话的时候说话，灾祸就出现了。做了不合乎礼义的事，邪恶就形成了。所以要限制言语，用佩戴玉器来限制行动（动作稍大玉器就会郎当作响），用礼来限制心志，不让邪念形成，用道来限制欲望，使其不致放纵。时时谨慎修正身心，才能涵养德性。

言行无损于善良的天性，便可以涵养德性。无损于德性，就能够以天性促成德性。小的过失不改正，必然会损害大的德性，正如地基不稳固，大厦必然会倾塌。不修养德性，自己的言行举止就不得其正，就会百事不兴。没有瑕疵的天然美玉，可以成为最珍贵的宝物。有纯美德性的贞女，可以匹配王室。女子能够检束自身，恪守规范，克勤克俭，不忌不妒，足以成为女子的楷模。

如果骄傲自满、嫉贤忌能、恣肆放纵、为所欲为，损害自己的德性，这种人虽然有其他才能，也没什么可取之处了。古谚说："要使身体有地方居住，就要造房子。要使自己尊贵光彩，就要修身立德。"《诗》曰："一个人要是有德性，就可以长命百岁，终身享受福禄。"

解读

本章着重论述"德性"为立身之本。女子立身取决于自身的德性。本章崇尚"贞静幽闲、端庄诚一"的品性，力倡"孝敬仁明，慈和柔顺"的女德。

《诗经》的作者之一许穆夫人，为后人树立了秉承女德、践行女德的榜样。她之所以被后人视为《诗经》中最负盛名的女诗人，与她所写的著名的《载驰》一诗息息相关。由于她生长在春秋时期礼乐崩坏的卫国，嫁给了许国的穆公，故人称许穆夫人。《载驰》一诗，描写了一位德才兼备、仁明豁达、志存高远的女性形象。许穆夫人赋《载驰》诗的本意，一是要抒发她对自己国家（卫国）倾覆的伤痛之情，二是要表达她坚持要回卫国吊唁卫侯、以拯卫祀的决心，三是要痛斥许国那些目光短浅、迂腐的大夫们的无能。就在这抒发、坚持、痛斥之间，尽显许穆夫人人性中的闪光之点：她是那样的果敢且情深意长，她是那样的睿智且志向高远，她是那样的刚强且不畏艰险，她又是那样的高洁且能冲决凡俗。这样的女性，无疑成为时人和后人效法的人格典范。

毋庸讳言，由于历史的原因，《德性章第一》难免存在着时代的局限，将女子视为男性的附属物是其基本理念。譬如文中所言：女子应"配君子以成其教"、"贞女纯德，可配京室"等等。对此，我们不能苛求前人，应予以"同情"之理解。

修身章第二

原文

或曰：太任目不视恶色，耳不听淫声，口不出傲言。若是者，修身之道乎？曰：然。古之道也。夫目视恶色，则中眩焉。耳听淫声，则内褫①焉。口出傲言，则骄心侈②焉，是皆身之害也。故妇人居必以正，所以防麂③也。行必无陂，所以成德也。

是故五彩盛服，不足以为身华。贞顺率道，乃可以进妇德。不修其身，以爽厥德④，斯为邪矣。谚有之曰：治秽⑤养苗，无使莠骄。划⑥荆剪棘，无使涂塞。是以修身，所以成其德也。

夫身不修，则德不立。德不立，而能成化于家者，盖寡矣。而况于天下乎？是故妇人者，从人者也。夫妇之道，刚柔之义也。昔者明王之所以谨婚姻之始者，重似续⑦之道也。家之隆替⑧，国之兴废，于斯系焉。呜呼，闺门之内，修身之教，其勖⑨慎之哉！

注释

①褫（chǐ）：剥夺，使丧失，革除。②侈（chǐ）：放肆。③慝（tè）：过失，邪恶。④厥（jué）德：厥，在此是代词，代指前文提到的某人或某事。德即德行、品德、道德。⑤秽（huì）：杂草，恶草。⑥划（chǎn）：铲。⑦似续：继承，继续。⑧隆替：兴衰。⑨勖（xù）：勉励。

译文

有人问：《礼》说，太任（周文王的母亲）在怀文王时，眼睛不看邪恶的事物，耳朵不听不合礼仪的声音，嘴巴不说狂傲的言语。像这样，就是遵循了修身的道理吗？回答说：是的。这是古人修身的道理。因为眼睛看了邪恶的事物，内心就被它惑乱了。耳朵听了不符合礼仪的声音，内心就无主了。嘴巴说出狂傲的言语，内心就会骄纵放肆。这些都是不利于修身的。所以女子一定要遵循正道，才能够防止过错与邪恶。行为举止一定要遵循礼义，才可以成就美好的德性。

因此，五彩华服，不足以为女子增添华彩。坚守贞顺的操守，遵循礼义之道，才可以增进妇德。不修养身心，而使德行有所差失，将会导致邪恶。有句古谚说得好：清除禾苗中的杂草，才能不使稗草滋长；铲除荆棘，才能不使路途堵塞。这就犹如要通过修身来养成德性一样。

不修身，就不能立德，德不立而能治理好家庭，并使家族和乐的则极少见。不能齐家又怎能治国、平天下呢？所以女子应当遵循顺从之道。夫妻之道，就是阴阳、刚柔之道。古代英明的君王之所以对婚姻很谨慎，就是因为重视延续宗祠，上以事宗庙，下以继后世。家庭的兴衰更替，国家的兴盛没落，都与夫妇之道密切相关。对闺门内女子修身的教育，一定要慎之又慎啊！

解读

此《修身章第二》特别强调"修身"的必要性和重要性，并着重论述了修身与养德，修身与齐家、治国、平天下之间的关系。

君子不可以不修身，修身则道立。女子亦然。修养身心，对于一个人德行的修炼是极其重要的。在徐皇后看来，周文王之所以拥有高尚的品格，与其母亲太任怀文王时，目不视恶色，耳不听淫声，口不出傲言，身、口、意都远离非礼之事息息相关，也与周文王自己能够修身养德相辅相成。

战国时期的乐羊子之妻，在修身养德方面也为世人树立了榜样。有一次，乐羊子在路上拾到了一块金子，回家后交给妻子。妻子说："我听说有志气的人不饮盗泉的水，贤明的人不接受嗟来之食。你为何贪恋这块来之不义的金子呢？"乐羊子回答说："这块金子是我捡到的，是无主的。"其妻说："这块金子虽然无主，难道你的心也无主吗？"妻子的一番话说得乐羊子十分惭愧，于是他便退回原路等待失主并归还原主。可见，乐羊子之妻不仅自己修身养德，而且还教育丈夫要做个正人君子，确实值得后人学习。

至于本章所言"是故妇人者，从人者也"，无疑含有男主女从、歧视女性的因素，对此，读者应予以分析、鉴别。

慎言章第三

原文

妇教有四，言居其一。心应万事，匪言曷宣。言而中节，可以免悔。言不当理，祸必从之。谚曰：訚訚謇謇①，匪石可转。訾訾谩谩②，烈火燎原。又曰：口如扃③，言有恒。口如注，言无据。甚矣！言之不可不慎也。

况妇人德性幽闲，言非所尚，多言多失，不如寡言。故《书》斥牝鸡之晨，《诗》有厉阶之刺，《礼》严出梱之戒。善于自持者，必于此而加慎焉，庶乎其可也。

然则慎之有道乎？曰：有。学南宫绦④可也。夫缄口内修，重诺无尤。宁其心，定其志，和其气。守之以仁厚，持之以庄敬，质之以信义。一语一默，从容中道，以合乎坤静之体。则谗慝不作，而家道雍穆矣。

故女不矜色，其行在德。无盐虽陋，言用于齐而国以安。孔子曰：有德者必有言，有言者不必有德。

注释

①訚訚（yín yín）：和悦而正直地争辩；谦和而恭敬的样子。謇謇（jiǎn jiǎn）：理顺而辞正。②訾訾（zī zī）：诽谤。譞譞（xuān xuān）：折辩，争辩。③扃（jiōng）：门闩。④南宫縚（tāo）：南宫绦或南宫适（kuò），孔子的弟子。

译文

女子教育有四个方面（妇德、妇言、妇容、妇功）的内容，妇言是其中之一。人的内心对万事万物做出反应，没有言语如何表达呢？说出的话符合礼节，可以避免悔恨。说出的话不符合情理，灾祸一定随之而来。谚语有云：人如果和颜悦色，给人讲有道理的正直之言，虽然是坚硬如石的人，也会受到感动而从正。如果出言不逊、利口伤人，灾祸就会如火烧平原一样迅速蔓延而不可救。又说：不轻易多言的人，说出的话为人所重视。而多言多语的人，说出的话往往狂妄而没有依据，招人厌烦。可见，说话不可以不谨慎啊！

况且妇人的德性本应幽深娴雅，不应该闲言碎语。话说多了过失就多，不如少说。所以《尚书》认为：妇人多言就像母鸡叫晨，是不祥之兆。《诗经》认为：妇人多言，是导致灾祸的源泉。《礼记》主张：外面的话不进入内室，妇人的话不越出门槛。妇人要想修身，必须能够自我约束，对此不能不谨慎。

那么要做到言语谨慎有什么法则可循吗？答：有。学习南宫縚就可以了。少说话,将会提升内心的修养。谨守诺言,有言必行,就没有过失。宁静内心,坚定志向,平和心气,就会恪守仁爱和忠厚,保持端庄和恭敬,信守诚信和道义。无论说话还是静默,都能中节合度,才符合女性宽厚娴静的本色,谗言邪语无从兴起,家道自然就兴盛和睦。

所以女子不应当炫耀自己的美色,而应该注重培养和践行美好的德行。无盐女(钟离春)虽然容貌丑陋,但却贤淑有德性,她的言语被齐宣王采纳,使齐国获得大治、大安。孔子说:"有德行的人,说出的话必定符合礼义。而那些巧言令色的人,则未必有德行。"

解读

《慎言章第三》主要是讲述"慎言"之道。言为心声,"言"能反映一个人的品德修养和才学睿智,因而言语不可不慎。文中所述慎言之道,不仅仅是女子,而且是所有的人都可以从中获得教益。

《诗·大雅·抑》说:"白玉上的污点可以磨去,不好的言语说出去就收不回来了,不可乱说。"孔子的弟子南宫縚每天多次重复这句话,所以能够做到谨言慎行。孔子赞赏他的谨言,将自己的侄女嫁给了他。

当然,"多言多失,不如寡言",并不意味着不说话,而是主张该表明自己的观点时还是应大胆说出,关键在于要言之有理。周朝女子钟离春,是齐国的丑女,曾出言讽刺齐宣王。宣王听说她的德性很高，就采纳了她的建议，停止修筑渐台，撤除女乐，革退谄媚奉承的人，除去华丽的装潢修饰，打开公门，招纳诤言，请来地位微贱的有才之士，结果使得齐国大治。后来齐宣王立钟离春为王后，齐国大安。

对于本章所述"《书》斥牝鸡之晨，《诗》有厉阶之刺，《礼》严出梱之戒"所隐含着的歧视女性的倾向，应引起读者注意，不要受其影响。

儉素自持　蘭山

二人同心其利斷金同心之言其臭如蘭此之謂也

丙申季夏
楊寶平書

賣髮待朋

關山

女秀才

丙申夏月 簡山畫

谨行章第四

原文

甚哉！妇人之行，不可以不谨也。自是者其行专，自矜者其行危，自欺者其行骄以污。行专则纲常废，行危则疾戾①兴，行骄以污，则人道绝。有一于此，鲜克终也。

夫干霄之木，本之深也。凌云之台，基之厚也。妇有令誉，行之纯也。本深在乎栽培，基厚在乎积累，行纯在乎自力。不为纯行，则戚疏离焉，长幼紊焉，贵贱淆焉。是故欲成其大，当谨其微。纵之毫末，本大不伐。昧于冥冥②，神鉴孔明。百行一亏，终累全德。

体柔顺，率贞洁。服三从之训，谨内外之别。勉之敬之，始终惟一。由是可以修家政，可以和上下，可以睦亲戚，而动无不协矣。《易》曰：恒其德贞，妇人吉。此之谓也。

注释

①戾（lì）：灾祸，暴恶。
②冥冥：昏暗隐晦貌。

译文

女子的行为，一定要谨慎。自以为是的人，其行为必定专擅而蛮横。矜高自夸的人，其行为必定危殆而不安。自欺欺人的人，其行为必定骄肆且污秽。行为专擅而蛮横，就会目中无君无父，伦理纲常就废弃了；行为危殆而不安，则招人厌恶，灾祸就兴起了；行为骄横且污秽，就灭绝了人道，丧失了人的本性。以上三者（自是、自矜、自欺）只要沾染其中的一样，就很少能够终身不犯过错了。

直上云霄的树木，因为根本深固；逾越云层的高台，因为基础雄厚；妇人有美好的声誉，因为德行纯备。根深在于栽培植养，基厚在于不断积累，妇人德行纯备在于自己努力。女子的行为不纯净，亲戚朋友就会远离，长幼的秩序就会紊乱，贵贱的区别就会混淆。所以想要培养良好的德行，应当在细小的行为上谨察慎重；若放纵了细小的行为举止，由小积大，习性一旦养成，再想改掉就困难了。即使在幽暗阴晦的地方，神明也能洞视所有的行为；一百件事做错了一件，将会累及整个德行。

本于温柔敬顺，保持忠贞纯洁，服从"三从"的古训，严谨于男女内外的区别，努力去做并慎重对待，方能始终如一、善始善终。由此可以治理家政，使上下和顺，和睦亲朋家人。这样一来，无论做什么事情，都会谐调顺达。《易》曰："女子如果能够始终保持贞良的德行，就会吉祥。"说的就是这个道理。

解读

《谨行章第四》在于倡明"谨行"之道。作者生动、深刻地阐述了"欲成其大，当谨其微"的道理，历数"自是者"、"自矜者"、"自欺者"的行为及危害，强调："妇人之行，不可以不谨也。"

历史上关于汉武帝废后的故事，即深刻地印证了这个道理。汉武帝刘彻4岁时，汉景帝封他为胶东王，当时的太子是他的哥哥刘荣。后来，刘彻的命运发生转折，得益于景帝的姐姐馆陶长公主的帮助。长公主有个女儿叫陈阿娇（金屋藏娇的故事说的就是此人），后来嫁给了武帝。由于陈阿娇的母亲是武帝的姑姑，祖母是窦太后，舅舅是汉景帝，因此陈阿娇自幼荣宠至极，且又依仗着是皇亲国戚，难免"自是"、"自矜"、"自欺"，后来又依仗着母亲在武帝被立为太子一事上有功，于是在武帝面前便飞扬跋扈，骄横无礼，不肯"服三从之训，谨内外之别"。在听说卫子夫"大幸"时，又数次寻死觅活。再加上始终没能生育子女，与汉武帝在情感上便渐渐产生裂痕。元光五年（公元前130），汉武帝将其皇后名分废除，其余生只得居住于别宫长门宫中。

唐代诗人李白专门为此作诗一首《妾薄命》：

汉帝重阿娇，贮之黄金屋。咳唾落九天，随风生珠玉。

宠极爱还歇，妒深情却疏。长门一步地，不肯暂回车。
雨落不上天，水覆难再收。君情与妾意，各自东西流。
昔日芙蓉花，今成断根草。以色事他人，能得几时好？

儒家关于谨言慎行的教诲，不仅是对妇人，亦是规范所有人品行的一条基本原则。

在此需指出的是：由于时代的局限，本章关于"服三从之训，谨内外之别"等内容，含有男尊女卑的思想，读者对此应加以批评。

勤励章第五

原文

怠惰恣肆,身之灾也。勤励不息,身之德也。是故农勤于耕,士勤于学,女勤于工①。农惰则五谷不获,士惰则学问不成,女惰则机杼②空乏。

古者后妃亲蚕,躬以率下。庶士之妻,皆衣其夫。效绩有制,愆则有辟③。

夫治丝执麻,以供衣服。幂④酒浆,具菹醢⑤,以供祭祀,女之职也。不勤其事,以废其功,何以辞辟?夫早作晚休,可以无忧。缕绩不息,可以成匹。戒之哉,毋荒宁。荒宁者,刓身之廉刃也,虽不见其锋,阴为所戕⑥矣。

《诗》曰:妇无公事,休其蚕织。此怠惰之厉也。于乎!贫贱不怠惰者易,富贵不怠惰者难。当勉其难,毋忽其易。

注释

① 工:女功,女红(gōng)。
② 机杼(jī zhù):织布机。
③ 愆(qiān):罪过,过失。

辟：法，惩治。④幂（mì）：酿造。⑤菹（zū）：腌菜。醢（hǎi）：酱油。⑥戕（qiāng）：伤害，杀害。

译文

怠慢而不敬于事，懒惰而不勤于力，放恣而不加约束，肆意而不遵礼法，这四者将给人终身带来灾祸。勤劳勉励，孜孜不息，则足以成就自身之美德。所以农民勤于耕种，读书人勤于学问，女子勤于女红。农民懒惰，五谷就没有收获。读书人懒惰，学问就没有成就。女子懒惰，机杼就空乏，家道就衰落。

古时后宫的王妃亲自养蚕，率领众妃嫔缝制供祭祀用的衣服。官吏、百姓的妻子，都亲自做衣服给丈夫穿。春天男耕女织，秋天则按制度计算功效。如果种田和织缝的工作做得不好，就是罪过，应当受到惩治，这是先王的法度。

纺丝织麻做成衣服，酿酒制酱以供祭祀，是女人的天职。不辛勤劳作，荒废了功夫，怎么能避免王法的责罚呢？早起劳作，到晚上才休息，就没有懈怠懒惰的忧患。一丝一缕，纺织不停，就可以织成一匹织物。要警戒啊！千万不要懒惰偷安！懒惰偷安，就好比割伤身体的利刃，虽然看不见它的锋芒，但已不知不觉地被它伤害了。

《诗》说："妇人没有公事要办，只要养好蚕织好布就行了。"如果去干预公事，而荒废了自己的本职工作，懈怠懒惰的罪过就大了！处于贫贱之家，要做到不怠惰容易，处于富贵之地能不怠惰就难了。因此，在富贵时应警勉其所难，在贫贱时则不能轻忽其所易。

解读

《勤励章第五》着重强调"勤励不息"对于女子修身养德的作用和意义。

由于历史的原因,古时女子的勤励,主要表现为致力于"治丝执麻"之类。今天的女子当然不同于过去,七十二行,行行都可以有女子参与。但是,无论是勤于家政,还是涉足社会的各行各业,有一点是自古至今都应牢记的,那就是勤励不息,不应怠惰。人在富贵的时候,容易骄奢放逸,能做到不怠惰的人很少,但是也有处于贫贱却懒惰的,所以人在富贵时要加以警励,在贫贱时更不能轻忽。女子作为家庭主妇应常存警戒之心,这即是这篇文字给世人的启示。

明朝的马皇后在"勤励"方面为时人和后人做出了表率。她虽贵为皇后,每天仍亲自操持朱元璋的膳食,连皇子皇孙的饭食穿戴,也亲自过问。马皇后时常勉励子女学习上要勤奋,生活上要简朴。无论何时,决不能懒惰懈怠,坐享其成。她在后宫亲自架起织布机纺线织布,并把利用旧料织成的被褥送给子女,说:"你们生长在富贵之家,不知纺织的难处,要爱惜财物。"她将织物以皇家的名义赐给孤寡老人,让他们感受到人间的温情;她还将织物裁成衣裳赐给王妃公主,让她们知道百姓的不易,并教导妃嫔们要知晓饲养蚕桑的艰辛。无怪乎朱元璋曾这样夸奖马皇后:"家之良妻,犹国之良相!"

节俭章第六

原文

戒奢者，必先于节俭。夫澹①素养性，奢靡伐德。人率知之，而取舍不决焉。何也？志不能帅气，理不足御情，是以覆败者多矣。

《传》曰：俭者，圣人之宝也。又曰：俭，德之共也。侈，恶之大也。若夫一缕之帛，出女工之勤。一粒之食，出农夫之劳。致之不易，而用之不节，暴殄天物，无所顾惜。上率下承，靡然一轨，孰胜其弊哉。

夫锦绣华丽，不如布帛之温也。奇馐②美味，不如粝粱③之饱也。且五色坏目，五味昏智。饮清茹淡，祛疾延龄。得失损益，判然悬绝矣。

古之贤妃哲后，深戒守此。故絺绤无斁④，见美于周《诗》。大练粗疏，垂光于汉史。敦廉俭之风，绝侈丽之质，天下从化，是以海内殷富，闾阎⑤足给焉。

盖上以导下，内以表外，故后必敦节以率六宫。诸侯之夫人，以至士庶之妻，皆敦节俭，以率其家。然后民无冻馁，礼义可兴，风化可纪矣。

或有问者曰：节俭有礼乎？曰：礼，与其奢也，宁俭。然有可约者焉，有可腆⑥者焉。是故处己不可不俭，事亲不可不丰。

注释

①澹（dàn）：恬静、安然的样子；淡泊，恬澹。②馐（xiū）：味美的食品。③粝粢（lì zī）：粗劣的饭食。④缔绤无斁（chī xì wú yì）：细、粗布衣服都不厌弃。⑤闾阎：民间，百姓。⑥腆（tiǎn）：丰厚，美好。

译文

要戒除奢侈，一定要先做到节俭。淡泊、质朴可以涵养品性，奢华、靡丽则败坏德行。这是人人都知道的道理，但大多数人却不能做到拒奢而崇俭。这是为什么呢？因为心志被习气所染，不能帅之以正。道理被情欲所迷，不能御之以礼。因而败坏德行的人就很多。

《传》说："崇尚节俭是圣人的法宝。"又说："节俭是天下共同的美德，浪费是天下最大的恶行。"一缕丝帛，出自于女工的辛勤劳作；一粒粮食，出自于农夫的辛勤耕作。得来不易，却用起来不知道节省，暴殄天物，不知道去加以珍惜。上行下效，靡然成风，还有什么比这更糟糕的呢？

锦绣华丽的衣裳，不如粗布衣服保暖。珍奇美味的佳肴，不如粗米淡饭饱腹。五彩颜色会损坏眼睛，五味佳肴会损人心智。清淡饮食，反而能祛病延年。其中的好坏得失，自然是显而易见。

古代贤良的妃子、明智的皇后，都对此深有体会，并引以为戒。周文王的妃太姒亲手用葛布做衣服穿，一点也没有厌弃之意。所以《诗》对此予以赞美。东汉明德皇后，穿粗布衣服，不戴珍宝首饰，因此在《后汉书》中被加以称誉。这两位都能崇尚廉洁节俭的风气，杜绝奢侈靡丽的浪费，在后宫形成了良好的风气。天下百姓都加以仿效，所以国家殷实富裕，百姓丰衣足食。

上行则下效。在上位的人引导下边的人，宫里的人给宫外的人做出表率，所以皇后一定要崇尚节俭以带动六宫之人；诸侯的夫人，以至官吏、平民的妻子都要崇尚节俭，来带动整个家族的人。这样，百姓就不会受冻挨饿，礼义就会兴盛，良好的风俗教化就得以形成，并被世人传颂。

或许有人会问："节省俭约，是否符合礼仪？"对此孔子说得好："礼，与其奢靡失度，不如俭而守约。"在可以节省时，必须节省；在需要丰厚时，不得不丰厚。因此，对待自己要节俭，侍奉亲人要丰厚，这样才是合理的。

解读

《节俭章第六》意在阐明"节俭"对于培养女子优良品德的

重要性。通过对节俭进行辩证分析，作者提出了"俭以处己，丰以事亲"的思想，以避免人们对"节俭"的偏见或绝对理解，实属不易。

自古以来，成由勤俭败由奢，节俭之理已是人人皆知，却总是有人做不到，所以"覆败者多矣"。究其原因，就在于"志不能帅气，理不足御情"。因此，《节俭章第六》尽管是一则女训，但对所有的人，都会有所启迪。

"男人是个耙耙儿，女人是个匣匣儿。不怕耙耙没齿儿，就怕匣匣没底儿。"这是一首陕西民谣，意在告诫女性居家过日子一定要克勤克俭，开源节流。

汉代鲍宣的妻子少君在"节俭"方面为世人做出了表率。据《后汉书·列女传·鲍宣妻》记载，鲍宣曾经跟随少君的父亲学习，少君的父亲对他的清贫刻苦、品德高尚感到非常满意，因此愿意把女儿嫁给他。少君出嫁时，嫁妆陪送得非常丰厚，而鲍宣却很不高兴地对妻子说："你生在富贵人家，习惯穿戴漂亮的服饰，可是我实在不敢承受这样的厚礼。"少君听后说道："我父亲因为注重您的品德修养、信守约定，所以让我出嫁服侍您，既然我乐意嫁给您，我就要听从您的指教。"鲍宣笑着说："你能够这样，就合我的心意了。"于是，少君全数退回了那些侍从、婢女和服装首饰，改穿平民的短布衣裳，与鲍宣一起拉着小推车回到家乡。在拜见婆母礼节完毕后，就提着水瓮出去打水，过起了勤劳节俭的生活，得到了家乡人的称赞。

警戒章第七

原文

妇人之德，莫大于端己。端己之要，莫重于警戒。居富贵也，而恒惧乎骄盈。居贫贱也，而恒惧乎败失。居安宁也，而恒惧乎患难。奉卮①在手，若将倾焉，择地而旋，若将陷焉。

故一念之微，独处之际，不可不慎。谓无有见，能隐于天乎？谓无有知，不欺于心乎？

故肃然警惕，恒存乎矩度。湛然②纯一，不干于非僻。举动之际，如对舅姑。闺门之间，如临师保。不惰于冥冥，不骄于昭昭。行之以诚，持之以久，显隐不贰。由是德宜于家族，行通于神明，而百福咸臻矣。

夫念虑有常，动必无过。思患预防，所以免祸。一息不戒，灾害攸萃。累德终身，悔何追矣。

是故鉴古之失，吾则得焉。惕励未形，

吾何尤焉?《诗》曰:相在尔室,尚不愧于屋漏。《礼》曰:戒慎乎其所不睹,恐惧乎其所不闻。此之谓也。

注释

①卮(zhī):古代盛酒的器皿。②湛(zhàn)然:清澈、安然的样子。

译文

女子的德行,没有比端正自身更重要的了。端正自身的关键,没有比警惕、戒备更重要的了。处于富贵之中,要常常警惕骄傲自满而犯下错误;处于贫贱之中,要时常警惕灾祸败失而无以立足;处于安宁之中,要始终警防遭遇灾难而危及自身。这就如同拿着盛满酒的酒杯,要小心谨慎,唯恐它倾倒;如同在险地行走,战战兢兢,唯恐走错一步而陷坠下去。

因此,哪怕是一个细微的念头,在自己一个人独处的时候,都不可不谨慎。没有人看见,能隐瞒得了上天吗?没有人知道,能欺骗得了自己的良心吗?

所以应严肃恭敬、警戒惕厉,牢牢守住规矩和法度。心地纯净无杂,不做不合礼法的事情。一举一动,如同面对着公婆一样恭恭敬敬;虽然处在闺房之中,也严肃矜持,如同面对女师一样,不敢放纵。不在没人的时候坏发乱形、不修边幅;不在人多的地方浓妆艳抹、矫揉造作。以真诚心为人处世,始终保持一颗恒常之心,不论在明处还是暗处,都始终如一。这样一来,你的德行就能使家族和睦,并通达于神明,百福就会集于一身。

在举心动念之时,要以规矩法度约束自己,就不会犯错。事事能做到防患于未然,就能避免灾祸发生。否则,只要一念之间不加以警惕戒备,明知有害而不能忍、不知戒,灾祸就发生了。灾祸逐渐累积,就会使德行亏损,此时后悔就来不及了。

因此,借鉴古人的过失,反省自己,就可以得到很多经验和教训。在灾祸还未形成的时候就加以警惕戒备,还会有什么过错呢?《诗》曰:"独处暗室之内,尚且不愧于房屋漏光处(暗指神明在上),则凡事无过。"即时刻谨记神明在上,就不会做昧绝良心之事。《礼》云:"在别人看不见、听不到的地方,也要存有戒慎恐惧之心。"说的即是这个道理。

解读

《警戒章第七》主要论述女德的养成,重在"警戒"、"律己"。其实,无论男女,无论身处何时何地,皆应存警戒律己之心,端正品行,以期达到"慎独"的境界。

《后汉书》记载了杨震"暮夜却金"的故事,揭示了警戒、慎独的意义。汉代大将军邓骘听说杨震贤明,就派人征召杨震,并举荐他为官。后来杨震获得多次升迁,官至荆州刺史、东莱太守。杨震赴郡途中经过昌邑,他从前举荐的荆州秀才王密此时正担任昌邑县令。王密在夜间前来拜见,并怀揣钱财要送给杨震以答谢举荐之恩。杨震感叹道:"我了解你,你却不理解我啊!"王密说:"没关系,这夜里又没有人知道此事。"杨震说:"上天知道,神明知道,我知道,你知道。怎么说没有人知道呢(天知,神知,我知,子知。何谓无知)!"王密听后,深受教育,只好拿着钱财羞愧地回去了。

由于杨震能够修身养性、严于自律、奉公廉洁、警戒慎独,被世人誉为"关西孔子"。他的一些老朋友,看到杨震的子孙日常生活极为俭朴——常吃素食,出门步行,便想让杨震为子孙置办些产业,杨震却说:"让后人说他们是清官的子孙,把这个'产业'留给他们,不也很丰厚吗?"

积善章第八

原文

吉凶灾祥，匪由天作。善恶之应，各以其类。善德攸积，天降阴骘①。昔者成周之先，世累忠厚。继于文武，伐暴救民。又有圣母贤妃，善为内助。故上天阴骘，福庆攸长。

我国家世积厚德，天命攸集。我太祖高皇帝，顺天应人，除残削暴，救民水火。孝慈高皇后，好生大德，助勤于内。故上天阴骘，奄②有天下，生民用乂③。天之阴骘，不爽于德，昭著明鉴。

夫享福禄之报者，由积善之庆。妇人内助于国家，岂可以不积善哉。古语云：积德成王，积怨成亡。《荀子》曰：积土成山，风雨兴焉；积水成渊，蛟龙生焉；积善成德，而神明自得。

自后妃至于士庶人之妻，其必勉于积善，以成内助之美。妇人善德，柔顺贞静，乐乎和平，无忿戾也。存乎宽洪，无忌嫉也。敦乎仁慈，无残害也。执礼秉义，无纵越也。祗④率先训，无愆⑤违也。不厉人以适己，不纵欲以戕物。积而不已，福禄萃焉。嘉祥被⑥于夫子，余庆留于后昆，可谓贤内助矣。

《易》曰：积善之家，必有余庆。《书》曰：作善降之百祥。此之谓也。

注释

①阴骘（yīn zhì）：语出《尚书·洪范》："惟天阴骘下民，相协厥居。"为默佑的意思，后引申为默默行善，意为"阴德"、"阴功"。②奄（yǎn）：覆盖。③乂（yì）：安定。④祗（zhī）：敬，恭敬。⑤愆（qiān）：罪过，过失。⑥被（pī）：古同"披"，延及，覆盖。

译文

吉凶祸福，不是由上天决定的，而是由人不同的善恶感应而来。人能积善修德，持之以恒，上天必定会默佑他，降之以祥瑞福禄。往昔周朝的祖先，有大功于世，其后世的文王武王又相承继，除暴安良，因而得到了天下。又有太王之妃太姜、王季之妃太任、文王之妃太姒、武王之妃邑姜，都仁慈贤明，成为圣人的贤内助。所以上天降下祥瑞，并使周朝的福庆长久。

明朝太祖高皇帝的祖先，世世代代注重积德，所以天命我高皇帝顺天应人，除残贼、伐暴虐，救民于水火之中。而高皇后，以仁厚之德，勤劳内政以助之。所以上天保佑，使之拥有天下，百姓得以安宁，美誉垂于后世。上天赐福，与人们的德行相互对应，就像明镜一样昭然分明。

人们享受福禄，皆由积善而成。妇人内助其夫，使国家兴盛，怎么可以不积善呢？古语说："诸侯积累善德，可以成就王者之业。无德而积怨恶于民，就会走向灭亡。"《荀子》说："山高就会形成云雾，风雨就兴起了；水深就会生成灵物，蛟龙就产生了；积累善行以完满德行，就会感通神明，天降福禄。"

从皇后王妃到官吏、百姓的妻子，都有积累善德以内助其夫的职责。女子的善德主要表现为：宽柔恭顺、贞良娴静，乐于心志平和，不做蛮横无理、动辄发怒、欺诈乖张之事。心胸开阔，就不会生成猜忌嫉妒之心；仁厚慈爱，就不会产生伤残毒害之念；执守礼义，就没有骄纵僭越之行；敬承先训，就没有过愆违背之失；不做损人利己之事，就不会纵恣己意去损害其他生物。如此积善不止，福禄就自然汇集而来。嘉美祯祥就会延及丈夫和子女，给子孙后世积累余庆，这样就算当好贤内助了。

《易》说："积累善行的家庭，一定会福泽子孙。"《书》说："行善事，各种祥瑞就会降临。"说的就是这个意思。

解读

《积善章第八》论述了"积善成德"的道理。《易》说:"积善之家必有余庆,积不善之家必有余殃。"无论善大善小,乐而为之,所积日久,必有福禄降临。

男人都希望有个"贤内助",何谓"贤"?这篇训示告诉我们"积善"即为贤。明代的一个太守周才美,其父亲常常依仗着儿子的权势而横行乡里,其妻常常为此而闷闷不乐。公公询问何故?她回答说:"丈夫已经很显贵了,公公还如此仗势贪财,祸患离我们不远了。"公公醒悟后,便逐渐改邪归正。后来周才美让妻子料理商务,给了她两种等级的斗斛尺秤,并对她讲,祖上的做法是:出轻纳重,出小入大,出短收长,要她遵照这些规矩,去做生意。妻子听后立即要拜见公婆,并要离家而去。周才美惊愕地说:"我家虽然不算大富之家,但薄有田产,不愁吃穿,为何要辞别离去?"妻子回答说:"你们家的所作所为,违背了天理。我以后生出的孩子,肯定是不肖之子。我担心人家说是我的罪过,我不愿受到牵连!"周才美说:"照你所言,应当全部取消这套做法?"妻子问:"你家用此法,有多少年了?"周才美答:"大约二十年了。"妻子说:"你若是一定要留住我,就答应我用小斗量入,大斗量出,小秤短尺买物,大秤长尺卖物二十年,以偿还以前靠作假获得的钱物之数。"周才美有所感悟,欣然答应了她的要求。后来其妻子生了两个儿子,都在科考中及第,成为国家栋梁。正如古人所言:家有贤妻，自有贵子。

在此必须指出的是，文中所宣扬的"天之阴骘，不爽于德"、"上天阴骘，福庆攸长"等观点，包含着"天人感应"的神学目的论思想，对此，读者需加以分析批判。

迁善章第九

原文

人非上智,其孰无过?过而能知,可以为明。知而能改,可以跂①圣。小过不改,大恶形焉。小善能迁,大德成焉。

夫妇人之过无他,惰慢也,嫉妒也,邪僻也。惰慢则骄,孝敬衰焉。嫉妒则刻,灾害兴焉。邪僻则佚,节义颓焉。

是数者,皆德之弊而身之殃。或有一焉,必去之如蟊螣②,远之如蜂虿③。蜂虿不远则螫④身,蟊螣不去则伤稼,已过不改则累德。

若夫以恶小而为之无恤⑤,则必败。以善小而忽之不为,则必覆。能行小善,大善攸基。戒于小恶,终无大戾。

故谚有之曰:屋漏迁居,路纡改涂⑥。《传》曰:人孰无过?过而能改,善莫大焉。

注释

①跂(qǐ):赶得上,企及。②蟊(máo):昆虫,腿细长,鞘翅上黄黑色斑纹,成

虫危害农作物，可入药。螣（téng）：古代传说中一种能飞的蛇。蟊螣：伤禾之虫。食根叫"蟊"，食叶叫"螣"。③蜂虿（fēng chài）：有毒刺的螫虫。④螫（shì）：有毒腺的虫子刺人或动物。口语中念zhē。⑤恤（xù）：对他人表示同情或怜悯。⑥纡（yū）：弯曲，绕弯，迂回。涂：通"途"。

译文

人非圣贤，哪能没有过错？明智的人有过就能知，贤达的人知过就能改。能够改过，就会日渐明达，从而企及圣人的境界。小的过错不肯改，积之日久，就会酿成大错。只要肯做微小的善事，日积月累，就会养成大的善德。

女子的过错有三：一是懒惰怠慢，二是怨恨妒忌，三是邪僻不正。懒惰怠慢，将会养成傲慢骄矜之态，从而丧失孝敬之心。怨恨妒忌，将会养成狠毒刻薄之心，从而引来灾祸。邪僻不正，将会导致淫逸放荡，从而丧失贞节道义。

以上三点，都是德行的弊端、身心的祸殃。只要有其中之一，就要像驱除蟊螣之类害虫一样去驱除它，就要像远离蜂虿之类的毒虫一样远离它。不远离蜂虿，身体就会被蜇伤。不驱除蟊螣，庄稼就会被伤害。不改正过失，仁德就会被损害。

如果因为恶行微小，就毫无顾忌地去做，积少成多，就一定会失败。如果因为善行微小，就不屑于去做，最后终无一善，就一定会倾覆。能做微小的善事，大的善德就有了根基。能对微小的恶行加以警戒，最终就不会有大的过错。

所以有谚语说："屋子漏了，就应该迁到别的地方去住。道路曲折难行，就应该换一条路走。"《传》说："人谁能没有过错？犯了错能够改正，就是最大的善事。"

解读

《迁善章第九》在于阐明"过而能知，知而能改"、"勿以善小而不为，勿以恶小而为之"等人生哲理。正所谓："小过不改，大恶形焉。小善能迁，大德成焉。"从而为人们指出了如何看待小恶、小善的正确方法，颇有教育意义。

人都有犯错误的时候，只要能承认错误，知错就改，那便是善。小善积聚，便成大善。晋朝的陶侃，官至荆、江二州刺史，都督荆、江、雍、梁、交、广、益、宁八州军事。他刚开始任浔阳县吏时，利用管理渔业之便，捎回一些鲊鱼给母亲。母亲却不领情，将鲊鱼封好退回，还写信责备他："你为吏却将公物送我，这样做对我来说不但没有好处，反而使我增添了忧虑。担心你这样下去，今后怎么能够为官一任，造福一方呢？你不要以为这是件小事，人们的德性就是从一件件小事培养起来的。"母亲的教诲，使得陶侃能够严格要求自己，并从点滴事情做起。他后来不仅为官清廉，而且时时处处为百姓着想。在任荆州刺史时，连造船余下的锯末也要人收集起来，雪后天晴再撒到坡路上，便于人们行走。告老辞官时，他把所有的公物都一一交接清楚才离去。后人称赞陶侃清廉，更称赞"陶母封鲊"的美德。这种美德便是从不贪不恋一些小东西的小善开始做起的。

崇圣训章第十

原文

自古国家肇基，皆有内助之德垂范后世。夏商之初，涂山有莘，皆明教训之功。成周之兴，文王后妃，克广《关雎》之化。

我太祖高皇帝，受命而兴。孝慈高皇后，内助之功，至隆至盛。盖以明圣之资，秉贞仁之德，博古今之务。艰难之初，则同勤开创。平治之际，则弘基风化。表壸①范于六宫，著母仪于天下。验之往哲，莫之与京。譬之日月，天下仰其高明。譬之沧海，江河趋其浩溥②。

然史传所载，什裁③一二。而微言奥义，若南金焉，铢两可宝也。若谷粟焉，一日不可无也。贯彻上下，包括巨细，诚道德之至要，而福庆之大本也。

后妃遵之，则可以配至尊，奉宗庙，化天下，衍庆源。诸侯大夫之夫人，与士庶人之妻遵之，则可以内佐君子，长保富贵，利

婦之所貴者柔也

蘭山

載馳

樂羊子妻

燒菜做飯

安家室,而垂庆后人矣。

《诗》曰:太姒嗣徽④音,则百斯男。敬之哉!敬之哉!

注释

①壶(kǔn):古同"阃",指内室或后宫,亦指古代宫中的道路,借指宫内。②趋(qū):古同"趋"。溥(pǔ):广大,普遍。③裁(cái):通"才"。《汉书·高惠高后文功臣表》:"户口可得而数,裁什二三。"④徽:美好。

译文

自古开国之君,必有贤德之妃辅佐,而成为后世的榜样。夏禹的皇后涂山氏,商汤的皇后有莘氏,都明达贤良,推行教化,垂范六宫,以成内治。周文王的后妃太姒,成就了"窈窕淑女,君子好逑"的千古佳话,宫中之人做《关雎》之诗,以赞美她的美好德行。

我太祖高皇帝,受天命而兴国,拥有天下,与孝慈高皇后内助之功密不可分。她明达古圣先贤的教诲,秉持贞洁仁厚的美德,通达古今治乱的玄机。在艰难创业的初期,与高祖一起辛勤开创基业。在太平治世的时候,则弘扬风俗与教化,垂范六宫,母仪天下。纵观古时贤哲的后妃,没有能与她相比肩的。她像天上的日月,无私地给予万物以光明。她像浩瀚的大海,使江河之水源源不断地注入其中。

然而史书传记上所记载的,仅仅是史臣采集传闻记录下来的高皇后美德的十之一二。她那些精微的语言所包含的深奥含义,就像珍贵的金子,一铢一两都是宝物。又像谷米粮食,一天都不能缺少。她的训诲涵盖了上上下下、大大小小的所有事情。其所说的实在是女德精华之关键,人们如果能遵此而行,便是掌握了福庆的根本。

后妃如果能遵守高皇后的教诲,则足以匹配至尊无上的天子,奉承宗庙,教化天下,给子孙留下福庆之源。诸侯、卿大夫以及官吏、平民的妻子若能遵守高皇后的教诲,就可以辅佐丈夫,长久地保持富贵,并有利于家族的安康,使后人得到福庆。

《诗》说:"太姒(周文王的妃子)继承了太任(周文王的母亲)的美德,不妒不忌,所以子孙兴旺。"后世做后妃的,应该敬守高皇后的教诲,学习太任和太姒的美好德性。

解读

古代的"圣训",往往是集圣贤的经验和智慧之大成,对后人很有教育意义。《崇圣训章第十》也是如此,它要求女子应崇尚圣训、遵循圣训,以成就美好德性。

明朝的马皇后,在内宫的治理上十分注重"圣训"的教化作用,并注意学习前朝的经验以作为明鉴。她通过对史书的浏览,了解到宋朝有许多贤惠的皇后,便命女史摘录她们的事迹,以备经常翻阅借鉴。有人问马皇后:"宋朝的皇后是否太过于仁厚了?"马皇后反问道:"过于仁厚,难道不比刻薄更好吗?"有一天,皇后问女史:"汉朝的窦太后为什么要推崇黄老之学?"女史回答说:"因为黄老之学把清静无为作为根本,让老百姓注重孝顺友爱。"马皇后说:"孝顺友爱就是仁义啊!"马皇后对古训的推崇和践行,对她的儿媳徐皇后产生了极大影响,使得徐皇后在永乐二年(1404),重述高皇后的教诲,编撰《内训》二十篇,以此来教育内宫之人。

景贤范章第十一

原文

《诗》《书》所载,贤妃贞女,德懿行备,师表后世,皆可法也。

夫女无姆教,则婉娩何从?不亲书史,则往行奚考?稽往行,质前言,模而则之,则德行成焉。

夫明镜可以鉴妍媸①,权衡可以拟轻重。尺度可以测长短,往辙可以轨新迹。希圣者昌,踵弊者亡。是故修恭俭,莫盛于皇英②。求诚庄,莫隆于太任。孝敬,莫纯于太姒。仪式刑③之,齐之则圣,下之则贤,否亦不失于从善。

夫珠玉非宝,淑圣为宝。令德不亏,室家是宜。《诗》曰:高山仰止,景行行止。其谓是与!

注释

① 妍媸(yán chī):美丑。② 皇英:娥皇和女英。尧帝的女儿,舜帝的妃子。③ 刑:通"型",作法则讲。

译文

《诗》、《书》上所记载的贤淑的后妃、贞良的女子,品德美好，行为规范，为后世做出了榜样，都是我们效法的典范。

女子如果没有女师的教诲，不听善言，温婉柔顺的言行举止从哪里学来呢？不阅读古书、不了解历史，对于古圣先贤的美好品行又从哪里知道呢？考察古时贤女的德行，考证古人留下的训诲，将之作为规范并加以效仿，美好的德性就能养成了。

明镜可以照出容貌的美丑，秤平可以称出物体的轻重，尺度可以量出事物的长短，路上的车迹可以使过往车辆遵道而行，不失掉轨范。效法圣人的德行，必定会昌盛获福。效法前人不贤的行为，必定会导致灭亡。因此，要向尧帝的女儿娥皇和女英学习恭敬、俭朴的品格。要向周文王之母太任学习诚仁、端庄的贤德。要向周文王之妃太姒学习孝顺、恭敬的仁德。应将以上几位作为榜样加以效法，向她们看齐就可以成为圣人，稍微次一点也可以成为贤人，再次一些也不失为一个从善的好人。

珠宝玉器不是女子的宝贝，贤淑圣善的品格，才是女子的珍宝。不缺乏善德，家庭就会幸福美满。《诗》说："高山令人瞻仰，大道令人遵行。"说的就是这个道理。

解读

《景贤范章第十一》主要倡导女子应学习前代贤妃贞女的优秀品格，以规范自己的言行，养成良好的品行。

榜样的力量是无穷的。古往今来，有许多品行高洁的贤妃贞女，为世人所效法。唐朝长孙皇后的品格，就值得后人学习。长孙皇后很小就喜欢读书，且通达礼仪，十三岁时嫁给李世民为妻。唐朝建立后，她被册封为秦王妃。在李世民与李建成的仇恨逐渐加深时，她对唐高祖尽心侍奉，对后宫嫔妃十分谦恭，极力争取他们对李世民的理解和同情，以消除对秦王的误解。在"玄武门之变"的前一天晚上，她又对秦府幕僚亲切慰勉，所有将士没有一个不被她的行为所感动的，最终辅佐秦王成就了大业。李世民登基以后，她被立为皇后。成为皇后的长孙氏，丝毫不摆出皇后的架势，依然保持贤良恭俭的品格。她所使用的物品，都以够用为限，从不铺张。另外，她与后宫妃嫔也相处得非常融洽，从不妒忌李世民宠幸其他的妃嫔，相反还劝他要一视同仁。长孙皇后如此非凡的品德与气度，确实为后世树立了榜样。

诚然，文中所说的那些贤淑的皇后或嫔妃，其言行无疑打上了时代的印记，具有时代的局限。对此，读者应加以分辨厘析。

事父母章第十二

原文

孝敬者,事亲之本也。养非难也,敬为难。以饮食供奉为孝,斯末矣。

孔子曰:孝者,人道之至德。夫通于神明,感于四海,孝之至也。昔者虞舜善事其亲,终身而慕。文王善事其亲,色忧满容。

或曰:此圣人之孝,非妇人之所宜也。是不然。孝悌,天性也,岂有间于男女乎?事亲者,以圣人为至。

若夫以声音笑貌为乐者,不善事其亲者也。诚孝爱敬,无所违者,斯善事其亲者也。县衾敛簟①,节文之末。纫箴补缀②,帅事之微。必也恪勤朝夕,无怠逆于所命,祗敬尤严于杖屦③,旨甘必谨于馂余④,而况大于此者乎?

是故不辱其身,不违其亲,斯事亲之大者也。夫自幼而笄⑤,既笄而有室家之望焉,推事父母之道于舅姑，无以复加损矣。

故仁人之事亲也，不以既贵而移其孝，不以既富而改其心。故曰：事亲如事天。又曰：孝莫大于宁亲，可不敬乎！《诗》曰：害⑥浣害否，归宁父母。此后妃之谓也。

注释

①县（xuán）：通"悬"。县衾（qīn）：将被子悬挂起来。敛簟（diàn）：把席子收起来。②纫箴补缀：穿针引线缝补衣裳。③杖履：拐杖和鞋子。④馂（jùn）余：吃剩下的食物。⑤笄（jī）：古代汉族女子用来插住挽起的头发的一种簪子，女子满15岁结发，因称女子满15岁为及笄。也指已到了结婚的年龄。《礼记·内则》："女子……十有五年而笄。"⑥害（hé）：通"曷"，作"何"字讲。

译文

孝敬，是侍奉父母的根本。供养父母并不难，难的是敬重父母。供奉父母饮食，是最末一等的孝。

孔子说："孝敬父母，是道的最高境界。"孝敬达到了极致，便能通达神明、感化四海。古代的虞舜非常孝敬父母，一辈子思念他们。周文王善于侍奉父母，父母身体欠安他就满脸忧愁。

有人说：这是圣人的孝道，境界高远，不是女子所能达到的。此话有误。孝顺父母、友爱兄弟，是人的天性，怎么会有男女的区别呢？侍奉亲人，应以圣人的孝道为最高准则。

如果子女无至诚之心，只以声音笑貌来使父母开心，不能算是有孝心。由至诚而孝，由至爱而敬，对父母的意愿无所违逆，这才是真孝。侍奉父母、公婆，替他们叠（晒）被褥，卷（铺）席子；见父母、公婆衣裳破了，仔细地缝补好，这些只能算是细枝末节之事。要从早到晚勤恳恭敬，对父母的命令不懈怠、不违背，对父母的拐杖、鞋袜都要恭恭敬敬地放妥。父母所食的口味应尽量甘美，父母吃剩下的食物要自愿恭敬地吃完，对这些小事都要如此小心谨慎，何况更大的事情呢？

作为孝女，应保持贞洁而不受侮辱，侍奉双亲而不违背其意愿，这是最重要的孝敬之道。女子从小赖父母之恩而长大，依于膝下，到结婚有家室离开父母。若在家时能孝敬双亲，就以同样的孝心来孝敬公婆，是不需要有所增减的。

仁者侍奉双亲，不因为贵而忘了孝，不因为富而改变对父母的孝心。所以说，要像侍奉上天一样侍奉双亲，因为天是不能移换的。又说：孝顺父母最重要的是使父母心安，对此能不谨慎恭敬吗？《诗经》说：太姒要回家问安于父母，穿洗过的粗布衣服。并对她的女师说，这两件衣服，哪件要洗，哪件可以不洗，我要穿着它，回去问安于父母。说的就是文王后妃的孝行。

解读

《事父母章第十二》在于弘扬中华民族的传统美德——孝道。在作者看来,"以饮食供奉为孝,斯末矣",而是要"诚孝敬爱",要发自内心,才能算得上是真正的孝顺。此章关于女子要"推事父母之道于舅姑"的思想,对于正确处理婆媳关系也具有启迪意义。

中国历史上,有数不胜数的女子奉行孝道被传为佳话。西汉年间,齐国的太仓令淳于意犯了罪,应该受刑,朝廷下诏让狱官逮捕他,并把他押解到长安拘禁起来。太仓令没有儿子,只有五个女儿。他被捕临行时感叹道:"生孩子不生儿子,遇到紧急情况,就没有用处了!"他的小女儿缇萦听了父亲的话后,十分伤心。她随即跟随父亲来到长安,向朝廷上书说:"我父亲为官时,齐国的人都称赞他廉洁公平,现在因触犯法律而犯罪,应当受刑。我哀伤的是,受了死刑的人不能再活过来,受了肉刑的人肢体断了不能再接起来。他们虽想走改过自新之路,也没有办法了。我愿意被收入官府做奴婢,来抵父亲的应该受刑之罪,使他能够改过自新。"上书呈递到汉文帝手里,文帝怜悯缇萦的孝心,下令免去了对太仓令淳于意的刑罚,并废除了当时刑罚中残酷的肉刑(当时的人犯了罪有刺面、割鼻、断足三种刑罚)。在某种意义上说,缇萦不仅尽了孝心,而且还为中国古代废除酷刑做出了贡献。

在此,需说明的是,文中关于对待父母应"朝夕无怠逆于所命"（对父母的命令不懈怠、不违背）的观点，无疑是对孝道理解的绝对化。当今社会，子女对于父母之命，也应具体分析。对的自然要听从，而错的则不能盲目听从，应该态度委婉且诚恳地指出其错在何处，但切忌以粗暴的态度顶撞父母，伤害父母的自尊。

事君章第十三

原文

妇人之事君，比昵①左右，难制而易惑，难抑而易骄。

然则有道乎？曰：有。忠诚以为本，礼义以为防。勤俭以率下，慈和以处众。诵《诗》读《书》，不忘规谏。

寝兴夙夜，惟职爱君。居处有常，服食有节。言语有章，戒谨谗慝②，中馈是专，外事不涉。教令不出，远离邪僻，威仪是力。

毋擅宠而怙恩，毋干政而挠法。擅宠则骄，怙恩则妒，干政则乖，挠法则乱。谚云：泪水淖泥，破家妒妻。不骄不妒，身之福也。《诗》曰：乐只君子。福履绥之。

夫受命守分，僭黩不生。《诗》曰：夙夜在公，寔③命不同。是故姜后脱簪，载籍攸贤。班姬辞辇④，古今称誉。

我国家隆盛，孝慈高皇后，事我太祖高皇帝，辅成鸿业。居富贵而不骄，职内道而益谨。兢兢业业,不忘夙夜。德盖前古,垂训万世,化行天下。《诗》曰:思齐太任,文王之母。思媚周姜,京室之妇。此之谓也。

纵观往古,国家废兴,未有不由于妇之贤否,事君者不可不慎。《诗》曰:夙夜匪懈,以事一人。苟不能胥匡以道,则必自荒厥德。若网之无纲,众目难举。上无所毗,下无所法,则胥沦之渐矣。

夫木瘁⑤者,内蠹⑥攻之。政荒者,内嬖⑦蛊之。女宠之戒,甚于防敌。《诗》曰:赫赫宗周,褒姒灭之。可不鉴哉!

夫上下之分,尊卑之等也。夫妇之道,阴阳之义也。诸侯大夫士庶人之妻,能推是道,以事其君子,则家道鲜有不盛矣。

注释

①昵:亲。②谗慝(chán tè):指邪恶奸佞之人、之言。③寔(shí):"实"的异体字,意为确实,实在,是,此。④辇(niǎn):古代用人拉着走的车子,后多指天子或王室成员坐的车子。⑤瘁

(cuī)：枯槁。⑥蠹（dù）：蛀蚀器物的虫子；蛀蚀。⑦嬖（bì）：宠幸。

译文

妇人侍奉君主，长随左右，终日亲近，将难以控制心念，容易迷惑君主，将难以抑制言行，容易骄纵自己。

侍奉君主有什么规则可循吗？答：有。以忠信诚实为根本。遵循礼法，谨守道义。勤劳节俭，以引导其他妃嫔与下人。慈爱和睦，给众人带去温暖祥和。读诵《诗》《书》，学习古代圣贤的言行，养成良好的德行。听到别人对自己的规劝进谏，能够恭敬地接受并牢记在心。

侍奉君主，应早起晚睡，以敬爱君主为自己的大任。不轻易改变住处，衣服饮食节俭而不奢华。说话温和委婉、符合礼义，对于奸佞之言，要戒而勿听。对于邪僻的行径，要严禁不做。专心于备办饮食，以侍奉君主，以供祭祀之用。不干涉国家政事，谨慎地守住男女内外之别，教令不出于闺门。远离邪僻之事，保持威仪，身体力行，丝毫不松懈。

不要仗恃君主对自己的恩宠，不要干涉政事、扰乱法纪。仗恃恩宠，就会骄纵妒忌。干政乱法，就会兴起祸乱。有谚语说：人掉进水中出不来，是被水中的污泥所陷。家道衰落而不能兴盛，是家中有妒忌的妻子所致。女子不骄纵、不妒忌，是自身的福分。《诗》说："太姒不妒忌，宽厚仁爱地对待众妾婢，所以众妾都夸赞并顺从她。福禄也就随之而来。"

为后为妃，都是受命于君主，应当要安于自己的身份地位，不起非分之想。

《诗》说:"姬妾的职责不同于后妃,实在是因为所禀赋的使命不同。"以前周宣王因为与姬妾同房而晚起,姜后脱下耳环,跪在永巷之间请罪,怪自己没有教导好姬妾,导致君王晚起而荒废了政事。宣王恭敬地礼待姜后并向她道谢,史书上对姜后大加赞美。还有汉成帝游后花园,想与班婕妤同坐一辆车,而班婕妤跪地婉谢并上奏道:"古代的圣君,都是与名臣在一起。亡国末主,才与女妾同车。"此举也被古今称道。

国家繁荣昌盛,有赖于孝慈高皇后侍奉太祖高皇帝,并助高皇帝建立了明朝的大业。她处于富贵而不骄纵,处理内务严谨认真,不分早晚,尽职尽责。德行高出古人,慈训垂于万世,风化盛行于天下。《诗》说:"文王之母太任,景仰婆婆太姜,恪尽孝道,是周室的孝妇。"说的就是这个意思。

遍观古史,一国的兴盛,必定有贤良的后妃作为内助。一国的灭亡,必定由后宫惑乱君主所致。一个家庭的成功与失败也是如此。可见,侍奉君主不能不谨慎。《诗》说:"作为臣下或后妃,应该不分昼夜,毫无懈怠,以侍奉君王。"作为妇人,若不能以正道辅助君主,就荒废了自己的德行。就好像网上没有纲绳,众多网眼就无法张开一样。如果上下都无法可依,就会沦陷,直至危亡。

树木之所以枯朽凋零,是有虫在内部攻食所致。国家政事荒废,是有淫乱的女宠蛊惑君王所致。古人称女色为女兵器,因此要像防范兵敌一样防范女宠。《诗》说："堂堂的周朝，因为幽王宠幸褒姒而亡国。"女宠之害，能不警戒吗？

天上地下，尊卑分明。

夫妇之道，秉承阴阳之义。从皇后王妃，到平民之妻，如果都遵循这个原则去侍奉夫君，家道就一定会昌盛。

解读

《事君章第十三》主要阐明皇后王妃们应遵从的"事君"之道。

明代的马皇后，深谙事君之道。在朱元璋建立帝业的岁月里，马皇后始终与他患难与共，因此朱元璋对她一直非常尊重和感激，对她的建议也常常听取采纳。由于朱元璋性情暴烈，曾不断寻找借口屠戮功臣宿将。对此，马皇后总是婉言规劝，使朱元璋多少有所节制。

洪武十三年（1380），知制诰宋濂因长孙宋慎陷入胡惟庸党而获罪，朱元璋为此要将他处以极刑。宋濂作为明朝开国"文学之首臣"，又是太子的师傅，此时已告老还乡，与胡党毫无牵涉。马皇后得知后规谏朱元璋说："老百姓请一位先生，尚且知道尊师的礼节，况且他已告老还乡，可不能冤枉了他啊！"然而，朱元璋决心已定，听不进马皇后的劝告。于是，马皇后在陪朱元璋吃饭时，既不饮酒，也不吃肉，朱元璋便问何故，她说："听说宋先生获咎，我不能近荤酒，因为我要为他祈福，希望他能够免于灾祸。"听了这番话后，朱元璋经过深思，便赦免了宋濂的死罪。

马皇后之所以能够母仪天下,是因为她不仅能够恭敬谨慎地侍奉朱元璋,并且还能委婉地指出他的不足,并加以规劝。有一次,马皇后问朱元璋:"如今天下百姓都安居乐业了吗?"朱元璋不高兴地回答:"这不是你应该问的。"马皇后委婉地回敬道:"陛下是天下之父,妾身为天下之母,子民的安康,难道我不能过问吗?"对此,朱元璋无言以对。

毋庸讳言,本章关于"上下之分,尊卑之等",以及"事君"的一些规则和要求,渗透了"三纲"的内容,体现了男尊女卑和愚忠盲从的理念,对此,读者应加以分析批评。

事舅姑章第十四

原文

妇人既嫁，致孝于舅姑。舅姑者，亲同于父母，尊拟于天地。

善事者在致敬，致敬则严在致爱，致爱则顺。专心竭诚，毋敢有怠，此孝之大节也，衣服饮食其次矣。

故极甘旨之奉，而毫发有不尽焉，犹未尝养也。尽劳勤①之力，而顷刻有不恭焉，犹未尝事也。

舅姑所爱，妇亦爱之。舅姑所敬，妇亦敬之。乐其心，顺其志。有所行，不敢专。有所命，不敢缓。此孝事舅姑之要也。

昔太任思媚，周室以隆。长孙②尽孝，唐祚③以固。甚哉孝事舅姑之大也！

夫不得于舅姑，不可以事君子，而况于动天地、通神明、集嘉祯④乎！故自后妃以下，至卿大夫及士庶人之妻，壹是皆以孝事舅姑为重。《诗》曰：夙兴夜寐，无忝⑤尔所生。

注释

①勚（yì）：勤劳，劳苦。②长孙：长孙文德皇后，唐太宗原配。③唐祚（zuò）：唐朝的皇位、江山。④嘉祯（jiā zhēn）：吉祥的征兆。⑤忝（tiǎn）：辱，有愧于，常用作谦辞。

译文

女子出嫁后，应当孝敬公婆。对待公婆，要亲爱同于父母、尊敬同于天地。

孝顺公婆最重要的是要敬爱他们，敬就会严谨专心，爱就会竭诚恭顺。专心竭诚，不敢有丝毫怠慢，是孝顺公婆的关键。洗衣做饭供养公婆倒在其次。

所以，用美味的食物奉养公婆，只要有毫发之处没有尽心，就同没有奉养一样。极尽勤劳地敬事公婆，只要有一念不恭，就与没有侍奉一样。公婆所敬爱的人，媳妇也应该从心底里敬爱。要让公婆开心，事事顺其心愿。做事前一定要先请示公婆，不敢独断专行。对公婆的指令要恭敬地领受，立即去办。这是孝顺公婆的关键。

古时的太任尊敬、爱戴婆婆太姜，所以能够生出文王以振兴周室。长孙文德皇后，孝敬公婆，因此奠定了唐朝的福庆之基。可见，孝敬奉养公婆是多么重要！

妇人得不到公婆的认可与喜爱，就不能侍奉好丈夫，更何谈像古代的孝妇贞妻一样，感动天地、通于神明、汇集祥瑞、流芳百世！所以，从皇后王妃到平民百姓的妻子，一切都以孝顺公婆为重。《诗》说："妇人应当早起晚睡，尽其心志孝敬公婆，以不给自己的父母带来耻辱。"

解读

《事舅姑章第十四》主要在于讲述女子应孝敬公婆的道理以及如何孝敬公婆的做法。

在家侍奉父母，出嫁侍奉公婆，是女子应尽的职责。明朝吕叔简在《闺范》中，记载了明代韩太初的妻子刘氏孝敬婆婆的故事，由此引发了人们的思考。

明朝洪武七年（1374），韩太初因为曾是元代官吏，按照惯例要被流放和州，按大明律家人要同去。韩太初的母亲在路上生病了，韩太初的妻子刘氏刺出自己的血拌在药里给婆婆吃。到了和州，丈夫死了，刘氏靠种蔬菜养活婆婆。两年后，婆婆患了疯病不能起来，她又日夜服侍汤药，不离身旁地为婆婆驱赶苍蝇。由于营养不良，婆婆身体腐烂，身上长了蛆，病情十分严重，刘氏就割下自己身上的肉煮给婆婆吃，婆婆病情才稍有好转，但是后来还是去世了。刘氏把婆婆的灵柩停放在屋旁，想把她运回去葬在公公的坟里。但由于她根本没有这个财力和能力，于是就悲哀地哭喊了五年！明太祖朱元璋听说此事后，便派遣中使赏赐刘氏衣服一套，银二十锭，并命令官吏送回她婆婆的灵柩，树牌坊表彰刘氏，且终生免除刘氏的租税徭役。

吕叔简叙述完这个故事后，因为担心以上故事可能会引导人们走向极端，所以就又加以评说：媳妇侍奉公婆，并不是什么过分的事。至于篇中的刘氏刺血和药，都是一念迫切的心情所致，足以感天动地。然而古圣先贤为何并不提倡这样的行为呢？因为，所谓的正道应当符合"中庸"之道，不提倡偏激的言行（譬如刺血、割肉等）。为人子女的正道，是尽心尽力地孝顺父母就可以了，不提倡用过分的标准去严加要求世人。以刘氏的行为，来效验世人是否孝顺，很少有人能做到。之所以将该故事录用在《闺范》中，主要是想让那些对待公婆刻薄的人感到羞愧。也就是说，孝敬公婆，只要诚心尽意就可以了。

　　吕叔简的以上评说，具有辩证思维的成分，对于防止人们对"孝道"理解的绝对化，是完全必要的。孝敬公婆，主要在于像该章所提倡的那样"乐其心，顺其志"便可，并不提倡那些过于极端的行为。否则，将会对媳妇的身心造成极大的伤害，实不可取。

奉祭祀章第十五

原文

人道重夫昏①礼者,以其承先祖、共祭祀而已。

故父醮②子,命之曰:往迎尔相,承我宗祀。母送女,命之曰:往之女家,必敬必戒,无违夫子。国君取夫人,辞曰:共有敝邑,事宗庙社稷。分虽不同,求助一也。

盖夫妇视祭,所以备外内之官也。若夫后妃奉神灵之统,为邦家之基。蠲③洁烝尝,以佐其事,必本之以仁孝,将之以诚敬,躬蚕桑以为玄紞④,备仪物以共豆笾⑤。夙夜在公,不以为劳。《诗》曰:君妇莫莫,为豆孔庶。

夫相礼罔愆⑥,威仪孔时,宗庙享之,子孙顺之。故曰:祭者,教之本也。苟不尽道,而忘孝敬,神斯弗享矣。神弗享而能保躬裕后者,未之有也。凡内助于君子者,其尚勖⑦之。

注释

①昏:同"婚"字。②醮(jiào):据《说文》,一为冠娶,二为祭祀。③蠲(juān):清除,疏通,使清洁。④紞(dǎn):古时冠冕上用来系瑱(tiàn)的带子或缝在被端用以区别上下的丝带。⑤豆笾(biān):古代祭祀时盛祭品的两种器具。木制为豆,竹制为笾。⑥愆(qiān):罪过,过失。⑦勖(xù):勉励。

译文

人伦之道之所以重视婚礼,因为其以夫妇之义,生育后代以承继先祖,并备办饮食以供祭祀。

所以,儿子要去迎亲的时候,父亲对他说:"去把今后辅佐你的内助接来,以延续后代、供奉祭祀。"女儿将要嫁人时,母亲送她并对她说:"到了夫家,一定要恭敬、戒慎,不要违背你的丈夫。"诸侯娶夫人,致辞于女方说:"我和你共同拥有这个国邑,以事奉宗庙社稷。"贵贱虽然有所不同,求内助的道理在根本上是相同的。

祭祀时夫妇要一同参加,以尽内、外之职。后妃为了国家社稷的基业,整理清洁祭品,辅助天子祭祀,一定要以仁孝为本,心中存有诚敬。亲自种桑养蚕织丝以做成玄紞,备办礼仪之物,准备好盛装祭品的器具。日日夜夜,一心为公,没有懈倦。《诗》说:"君王的主妇诚敬恭肃,辅佐祭祀,整理洗涤各种用具,以装盛丰盛的祭品。"

辅助祭祀的时候,要符合礼仪而无过失。威仪如果得体合时,宗庙的神灵就会享用祭品。子孙看见了,也会恭顺而加以效法。所以说，恭敬地率领子孙礼敬先祖，世代相传，是教化的根本。如果祭祀的时候没有诚实孝敬之心，神灵就不会享用祭品。神不享用祭品而能得到保佑并使后世富裕的，从来没有过。凡有内助之责的人，一定要加倍努力。

解读

《奉祭祀章第十五》着重阐明了人们重视婚礼的原因，以及女子辅佐丈夫进行祭祀的重要性。

中国自古就有祭拜先人的孝道传统。人们尊崇祖先的亡灵，定期举行祭祀，认为祖先的亡灵会保佑子孙后代，赐予他们幸福。后来人们又用这种民间信仰来维护宗法制度，从商周开始，丧葬、祭祀便成为重要的礼仪传统。重丧，所以尽哀；重祭，所以致敬。祭祖成了维持社会秩序与人伦关系的一种手段，其目的在于纯正民风、增强整个社会的凝聚力。

曾子说："慎终追远，民德归厚矣。"（《论语·学而》）古人认为通过虔诚地祭祀祖先，在缅怀祖先、追念前贤的同时，教育子孙向先人学习，进而形成淳朴的民风。因此，在古代无论是王公贵族还是普通人家都十分注重祭祀之礼。从唐朝开始，寒食时节朝廷就给官员放假以便于扫墓。据宋《梦粱录》记载：每到清明节，"官员士庶俱出郊省墓，以尽思时之敬"。参加扫墓者不限男女和人数，往往倾家出动。

正因为自古以来国人都有在清明节扫墓的习俗，因此，现在每年的清明假期，无论归乡的路途多么遥远，路途中的车辆多么拥挤，都影响不了国人归乡扫墓、缅怀先人、慎终追远的情怀。

　　需要说明的是：该章关于"苟不尽道，而忘孝敬，神斯弗享矣。神弗享而能保躬裕后者，未之有也"等观点，含有封建迷信的因素，应予以批判扬弃。

母仪章第十六

原文

孔子曰：女子者，顺男子之教，而长其理者也。是故无专制之义，所以为教，不出闺门，以训其子者也。

教之者，导之以德义，养之以廉逊，率之以勤俭，本之以慈爱，临之以严恪①，以立其身，以成其德。

慈爱不至于姑息，严恪不至于伤恩。伤恩则离，姑息则纵，而教不行矣。《诗》曰：载色载笑，匪怒伊教。

夫教之有道矣，而在己者，亦不可不慎。是故，女德有常，不踰贞信。妇德有常，不踰孝敬。贞信孝敬，而人则之。《诗》曰：其仪不忒②，正是四国。此之谓也。

注释

① 严恪（yán kè）：严格，庄严恭敬。② 忒（tè）：差错。

译文

孔子说："女子应顺从男子之教，并推崇其义理。"所以，女子在家从父、出嫁从夫，不应当专制。女子的教育，就是不出闺门，训诲子女。

教育子女，应当用德义加以引导，以培养子女勤廉谦逊的品德。要亲自做出勤俭的榜样，心存慈爱；严格要求，以此让子女立身端正，养成良好的品格。

对子女慈爱，但不要姑息放纵；严格要求，但不要伤害母子之间的感情。伤害了感情，母子间就会疏离不亲密。姑息放纵，子女就会骄蛮、丧失礼仪。《诗》说："教育子女，应和颜悦色，笑语盈盈，不能发怒，使子女乐于听从教诲，教化就能顺利推行。"

所谓教育有方，是指自己要懂得修身之道，严于律己，对此不可不慎重。所以，女德最重要的是贞信，妇德最重要的是孝敬。自己做到了贞信孝敬，子孙或他人就会效法。《诗》说："君子的威仪没有差失，天下人民都以他为正则，加以效仿。"这也是彰显母仪的道理和方法。

解读

《母仪章第十六》的主旨是要让做母亲的懂得为母之道：修身养性，言传身教。言行举止不违背德性，为子女做出榜样，子女才能效法母亲的言行。只有这样才能彰显母仪，称得上是教育有方。

班昭是东汉史学家和文学家班彪之女、班固之妹，十四岁嫁同郡曹世叔为妻，丈夫病故后班昭就不曾再嫁（这与当时社会所奉行的"礼教"有关）。史书评价她说：班昭清守妇规，举止合乎礼仪，气节品行甚好。班昭晚年身患疾病，家中女儿们又正当出嫁的年龄，班昭担心她们不懂妇女礼仪，令未来的夫家失面子，辱没了宗族，于是便作《女诫》七篇，用来教育自家女儿。后来《女诫》受到了时人和后人的推崇，成为女子行为规范准则的教科书。人们之所以推崇《女诫》，一来是因为《女诫》对于教育、培育女子的道德品质、善良德性具有重要意义，二来亦是由于撰写《女诫》的班昭，自身懂得修身养性，彰显母仪，为女子做出了表率。《女诫》其实是对班昭一生品行的真实写照。

　　但是也必须指出，本章关于"女子者，顺男子之教"等观点，是古代男主女从、男尊女卑观念的反映。对此，读者应加以分辨。

睦亲章第十七

原文

仁者，无不爱也。亲疏内外，有本末焉。一家之亲，近之为兄弟，远之为宗族，则同乎一源矣。若夫娣姒①姑姊妹，亲之至近者矣，宜无所不用其情。

夫木不荣于干，不能以达支②。火不灼乎中，不能以照外。是以施仁，必先睦亲，睦亲之务，必有内助。

一源之出，本无异情，间以异姓，乃生乖别。《书》云：惇③睦九族。《诗》云：宜其家人。主乎内者，体君子之心，重源本之义，敦《頍弁》④之德，广《行苇》之风。

仁恕宽厚，敷洽惠施。不忘小善，不记小过。录小善则大义明，略小过则谗慝息，谗慝息则亲爱全，亲爱全则恩义备矣。

疏戚之际，蔼然和乐。由是推之，内和而外和。一家和而一国和，一国和而天下和矣。可不重哉？

注释

①娣姒（dì sì）：古代同夫诸妾互称，年长的为姒，年幼的为娣。②支：同"枝"。③惇（dūn）：敦厚。④《頍弁》（kuǐ biàn）：是《诗经·小雅》中的一首诗。

译文

仁者普爱大众，但是也有亲疏远近、内外本末的不同。一家之中，兄弟之间是亲的，宗族之间相对来说是疏的。宗族兄弟，虽然有亲疏不同，但却来源于同一祖先。女子出嫁后应以夫家为重，弟妹、嫂子、小姑子、姐姐、妹妹，是亲人中关系最亲近的，应当尽力真心实意地善待她们。

树木的主干如果不粗壮，枝条就不会繁盛。火如果不烧得炽烈，就不能照亮四周。所以君子要想广施仁爱于众生，必须先和睦亲人。和睦亲人的关键，在于要有一个贤内助。

宗族兄弟、姑姊妹为一源所出。君子本来想与他们亲爱和睦，而不贤之妇，却常常视夫家的人为异姓，与他们疏远间隔，结果导致乖违别异。《书》称赞帝尧，明达仁厚，能够和睦九族的宗亲。《诗》赞赏宜家的淑女。贤内助应当体察君子的心意，看重亲族同源的道义，敦守《頍弁》中厚待兄弟亲属的品德，推广《行苇》中和善笃厚的风尚。

对亲人要仁恕宽厚，恩惠博施。亲人对自己的小恩小惠，要牢记不忘。亲人对自己有小的过失，则应忽略不计。记小善，能够明大义。略小过，则谗言邪语就会消停。谗言邪语消停了，亲情就周全了，恩义也就具备了。

内助贤惠，亲戚就和睦，

大家就和善友爱，其乐融融。由此推而广之，诸侯、士大夫、官吏、平民之妻，都应帮助丈夫和睦亲戚，以成内助之美。内与外和，家和国就和，国和天下就和。鉴于此，怎能不重视睦亲之道呢？

解读

《睦亲章第十七》旨在明"睦亲之道"。所谓"睦亲"，主要是指对宗族和睦，对外亲友好。汉代的王粲在《酒赋》中写道："致子弟之孝养，纠骨肉之睦亲。成朋友之欢好，赞交往之主宾。"睦亲要从骨肉血亲开始，由内而外，由家而国而天下。

凡事和为贵。能够与人和睦相处，是一个人优良品德的体现。家人、邻里、国家之间都应该和睦相处，唯有如此才能使天下安定和谐。而家人、邻里、国家之间若想做到亲爱和睦，彼此间就要学会宽容谦让。

清朝中期，当朝宰相张英与一位姓叶的秀才都是安徽桐城人。两家毗邻而居，都要起房造屋，为争地皮，发生了争执。张英家人便修书北京，要张英出面干预。张英看罢来信，立即作诗一首劝导家人："千里家书只为墙，让他三尺又何妨？万里长城今犹存，不见当年秦始皇。"家人见书即明理，立即把墙主动退后三尺。而叶家见此情景，深感惭愧，也马上把墙让后三尺。这样，张叶两家的院墙之间，就形成了六尺宽的巷道——"六尺巷"。

六尺巷的故事弘扬了仁厚谦让的美德，体现了由内而外的睦亲之道。

慈幼章第十八

原文

慈者,上之所以抚下也。上慈而不懈,则下顺而益亲。故乔木竦①而枝不附焉,渊水清而鱼不藏焉。甘瓠②蘲于樛木③,庶草繁于深泽,则子妇顺于慈仁,理也。

若夫待之以不慈,而欲责之以孝,则下必不安。下不安则心离,心离则忮④,忮则不祥,莫大焉。

为人父母者,其慈乎!其慈乎!然有姑息以为慈,溺爱以为德,是自蔽其下也。故慈者非违理之谓也,必也尽教训之道乎。

亦有不慈者,则下不可以不孝。必也勇于顺令,如伯奇⑤者乎。

注释

①竦(sǒng):竦立。伸长脖子,提起脚跟站着。②甘瓠(gān hù):瓠的一种,可食。③蘲(lěi)于樛(jiū)木:缠绕着向下弯曲的树。④忮(zhì):害,嫉妒,忌恨。⑤伯奇:人名,古代孝子。

译文

长辈抚爱晚辈,叫做慈。做长辈的慈爱而不懈倦,晚辈对其就会顺从并日益亲近。正如乔木高高地直立,就长不出旁枝;深潭里的水太清,鱼就会远避。樛木下垂,使得许多甘甜的瓠瓜依附于此;深泽宽广,众多的水草就在其中生长繁茂。长辈仁慈而能容人,子孙男女就会敬顺而亲爱之,说的就是这个道理。

如果长辈不仁慈,而希望晚辈孝顺,晚辈的心必定会不安。不安便会与长辈离心离德,心背离了就会产生忌恨,心里有忌恨,是最大的不祥。

为人父母者,一定要以仁慈为本!但如果将姑息纵容、偏爱护短当做慈爱,则会自我蒙蔽,并会贻害子孙。所以,真正仁慈的父母,是不违背情理的,是以正道教育子女的。

即使长辈不能做到仁慈,晚辈也不可以不孝顺。一定要勇于顺从父母之命,像孝子伯奇那样。

解读

《慈幼章第十八》旨在要人们懂得上慈下孝的道理,并以孝子伯奇为例加以引导。

古代孝子伯奇,相传为周宣王时尹国国君尹吉甫的长子。周宣王在位时,尹吉甫作为朝中重臣,家产、田地无数。尹吉甫的儿子伯奇自小活泼聪慧,勤奋好学,为人敦厚善良,对父母也十分孝顺，深得父母的疼爱。其父希望他将来能接替自己的事业。但不幸的是，伯奇的母亲早逝。母亲去世后，尹吉甫另娶了一个年轻貌美的妻子。后母欲立自己的儿子伯封为太子，以便将来能独霸家业，便设计陷害伯奇，经常在尹吉甫面前说伯奇的坏话。尹吉甫由于受了后妻的挑拨，被假象所蒙骗，便将伯奇赶出了家门。伯奇作为孝子不敢申辩，便顺从父亲的意愿离家而去。

相传，伯奇被赶出家后，饥寒交迫，昏死在河水之中，后被水中的仙女救活，居住在河底。伯奇将自己的悲惨的故事编成了歌曲，希望能警示父亲，尹吉甫听到歌声后有所感悟。伯奇为了能看到父亲，就变成了一只小鸟。正当后母打算用毒酒毒死尹吉甫时，伯奇及时提醒了父亲，而后母终尝恶果，死在了自己的毒酒之下。

在古人看来，伯奇之死是至孝之举。但是伯奇之孝，也彰显了父母的不慈，所以本章告诫为人父母者一定要以慈爱为重。然而在今人看来，伯奇的"孝"，无疑具有愚孝盲从的成分，因此，对本章关于"勇于顺令，如伯奇者乎"的说教，读者应加以明理辨析。

逮下章第十九

原文

君子为宗庙之主,奉神灵之统,宜蕃衍嗣续,传序无穷。故夫妇之道,世祀为大。古之哲后贤妃,皆推德逮下①。荐达贞淑,不独任己,是以茂衍来裔②,长流庆泽。

周之太姒,有逮下之德。故《樛木》形福履之咏,《螽斯》③扬振振之美。终能昌大本枝,绵固宗社。三王之隆,莫此为盛。故妇人之行,贵于宽惠,恶于妒忌。月星并丽,岂掩于末光?松兰同亩,不嫌于并秀。

自后妃以至士庶人之妻,诚能贞静宽和。明大孝之端,广至仁之意。不专一己之欲,不蔽众下之美。务广君子之泽,斯上安下顺,和气蒸融,善庆源源,肇④于此矣。

注释

①逮(dài):到,及。逮下(xià):恩惠能够给予、施及下人。②来裔(yì):后世子孙,后裔。③《螽斯》:《诗经·国风·周南》中的一首诗。篇中以螽斯做比,赞颂子孙众多、和睦相处的美好生

活。螽（zhōng）斯：一般认为是昆虫蝈蝈，身体绿色或褐色，善跳跃。④肇（zhào）：开始，初始，引发。

译文

君子是宗庙的主人，应奉供宗庙、供养神灵、繁衍后代、延续传统，使子孙世代相续，无穷无尽。所以夫妇以繁衍后代、祭祀宗庙为大任。古代贤哲的皇后、王妃，都能够推广自己的恩德，使恩惠施及下人。挑选贞淑的姬妾，推荐给君王，不一人专享君王的恩宠。因此后裔广衍、子孙众多、福庆绵延长流。

周朝的太姒，有将恩惠施及下人的美德。所以《诗·周南·樛木》咏叹道："太姒不嫉妒，恩德施及众妾，所以众妾赞美她的德行并祝愿她安享福禄。"《诗·周南·螽斯》颂扬说："后妃不嫉妒，子孙众多，一派和悦美盛的景象。"凭着后妃的贤德，周朝得以本固枝繁、子孙繁多，绵延巩固宗庙社稷。夏、商、周三朝，以周朝最为兴旺繁盛。所以说妇人的德行，贵在宽仁慈惠，恶在妒贤嫉能。月亮大、星星小，同在天上放出光芒，但月亮从不遮挡星星的光辉。松树高、兰草矮，同样生长在大地上，但松树从不妨碍兰花的秀美。

从后妃到官吏、平民的妻子，要能够真正做到贞淑宁静、宽容祥和，以明白大孝的根本。推广仁慈的旨意，不专擅一己之私欲，不掩蔽众妾的美德，努力推广君子的恩泽，以广衍后嗣，就能上安下顺，其乐融融。福泽善庆之源，就由此开始。

解读

《逮下章第十九》主要是赞颂"逮下"之道。提倡贤明的皇后王妃，为了社稷大业，子孙繁多，要心胸开阔，不妒贤嫉能，从而将自己的恩德惠及下人。

汉代的明德皇后马氏即是一位能够"逮下"的皇后。明德皇后是东汉初伏波将军马援的小女儿，建武二十八年（公元52），她被选入太子宫时只有十三岁。由于她生性谦恭和顺，对太子的母亲阴皇后服侍体贴，对其他妃嫔诚挚热情，宫中无人不对她加以称赞，太子刘庄对她也是另眼相看。中元二年（公元57）光武帝病逝，刘庄即位，谓汉明帝，她即被封为贵人。永平三年（公元60）春，因为她一生俭朴自律、不信巫祝、待人真诚、善待下人，毫无争议地被立为皇后。由于人品高尚，乐于"逮下"，她去世时，宫中哭声一片。

明朝的孝慈高皇后马氏，也有着"一代贤后"、"善于逮下"的美誉。她与身边的妃子、宫人相处得非常和睦。马氏十分关心丈夫的饮食并亲自操劳，宫女们劝她不要这样辛苦，她说之所以这样做，一是在尽做妻子的责任，二是怕皇帝饮食有不中意之处，怪罪下来，宫中下人担当不起，她好承受着。这使得宫中的下人深受感动。

本章关于"君子为宗庙之主，奉神灵之统，宜蕃衍嗣续，传序无穷。故夫妇之道，世祀为大"等观点，体现了夫为妻纲的观念及封建迷信思想。另外，本章关于"古之哲后贤妃，皆推德逮下。荐达贞淑，不独任己，是以茂衍来裔，长流庆泽"的说教，是针对古代一夫多妻制的现实而言的，有其历史的原因。对此，读者应有明确认识。

待外戚章第二十

原文

知几者，见于未萌，禁微者，谨于抑末。自昔之待外戚①，鲜不由始纵而终难制也。虽曰外戚之过，亦系乎后德之贤否耳。

汉明德皇后，修饬②内政，患外家以骄肆取败，未尝加以封爵。唐长孙皇后，虑外家以富贵招祸，请无属以枢柄③，故能使之保全。

其余若吕、霍、杨氏之流，僭踰奢靡，气焰熏灼，无所顾忌，遂致倾覆。良由内政偏陂，养成祸根，非一日矣。《易》曰：驯致其道，至坚冰也。

夫欲保全之者，择师傅以教之。隆之以恩，而不使挠法④。优之以禄，而不使预政。杜私谒之门，绝请求之路，谨奢侈之戒，长谦逊之风，则其患自弭⑤矣。

若夫恃恩姑息，非保全之道。恃恩则侈心生焉，姑息则祸机蓄焉。蓄祸召乱，其患无断。盈满招辱,守正获福。慎之哉!

注释

①外戚:皇亲国戚,指君主的母族、妻族,即君主母亲或妻妾娘家的人。②修饬(xiū chì):整治,整修。③枢柄(shū bǐng):中枢的权柄,指军政大权。④挠法(náo fǎ):枉法。⑤自弭(zì mǐ):自息,自止。

译文

后妃对待外戚,要在事情发生之前加以预防,惩戒他们的小过,使他们有所敬畏而不敢胡作非为。自古后妃的外戚专权殃国,都是由于后妃一开始放纵他们,使他们肆无忌惮,最终难以抑制。这虽然是外戚的罪过,但也是由后妃不贤明所导致的。

汉代的明德马皇后,修治整顿内政,由于担忧外戚恃宠而骄横,导致衰败,所以对马门之后不予封官加爵。唐朝的长孙皇后,由于担心外戚因为富贵招惹祸端,因此多次请求皇上不要让她娘家的人担任重要职务,因此保全了家人。

汉高帝的皇后吕氏、汉宣帝的皇后霍氏、唐玄宗的贵妃杨氏,都因恃宠而骄,行为奢侈淫逸,超出了本分。又因干涉国政,气焰嚣张,肆无忌惮,最后自取灭亡。这都是由于后妃不善于治理内政而种下的祸根。坚冰非一日之寒,大祸非一朝之积。《易》说:"阴寒初步凝结成霜,发展下去,则会形成坚冰。"

后妃若想保全娘家人，（应当学习汉和帝邓皇后）请朝中德高望重的老师，教导外家子弟，使他们遵循道义。对他们施以恩惠，但却不使其扰乱国法。给他们增加俸禄，但却不许其干预朝政。堵塞他们以私事谒见的门路，断绝其请告求恩的路子。教导他们严禁奢侈，应谦让恭逊。这样一来，祸害就自行消解了。

如果外戚仗恃恩宠，后妃又加以姑息，就不是保全身家之道了。仗恃恩宠就会滋生邪心，加以姑息就会蕴蓄祸端。外戚包藏祸心，就会招致祸乱，后患无穷。祸乱盈满，就会招致耻辱。只有笃守正道才能获得福庆。对此，一定要慎之又慎！

解读

《待外戚章第二十》专论后妃应该如何对待"外戚"的道理。

历朝外戚仗恃恩宠干政，后妃又加以姑息，最后祸国殃民的事例不胜枚举。汉高帝的皇后吕氏、汉宣帝的皇后霍氏、唐玄宗的贵妃杨氏等，因恃宠而骄，干涉国政，最后不仅自取灭亡，也导致了整个国家的动乱和衰败。

历史上能够正确对待外戚的皇后也不乏其人。汉永平十八年（公元75），太子刘炟即位为汉章帝，马皇后被尊称为皇太后。章帝一即位就要为马太后的三个兄弟马廖、马防、马光加官封爵，但马太后坚决不肯，并劝导汉章帝要遵守汉高祖时所制定的无军功不封侯的规定，牢记西汉政权因为外戚弄权而灭亡的教训。她对亲族中有简朴、谦让义行的，就加以勉励；而对那些衣服车马奢侈过度的，就开除他们入宫的门籍，遣送回家。在这样的氛围中，全国上下都以她为效法的楷模。后来，她母亲太夫人去世，家人把坟茔砌得高了一些，超过了国家制度的规定，马太后立即命马廖将高出的部分削去。她还下令对外戚要赏罚分明，如有罪者，决不徇私情。

唐朝长孙皇后的哥哥长孙无忌和唐太宗为知己，长孙无忌曾在玄武门之变中立过大功，因此，太宗准备封他为宰相以执掌朝政。长孙皇后知道后则对太宗说："臣妾被陛下封为皇后，身份已极其高贵了，我实在不想让兄弟子侄布列朝廷。汉朝的吕后、霍光之家，可为前车之鉴。所以，臣妾请您千万不要把兄长任为宰相，以免重蹈覆辙。"唐太宗采纳了长孙皇后的劝谏，最终没有任长孙无忌为宰相，只给了他一个加开府仪同三司的虚衔。

正是由于汉朝的明德马皇后和唐朝的长孙皇后能够严于律己，明晓后妃"待外戚"之道，所以能够青史留名，也因而保全了家人。

女范捷录

（明）刘氏

题解

《女范捷录》为清初儒家学者王相之母刘氏所作,由王相笺注,并将其辑入《女四书》。

刘氏,江宁人,自幼喜好文字,知书达理,是王集敬之原配。三十岁丧夫,守节至九十岁寿终。著有《女范捷录》一书流传于世。该书主要褒扬古代"贞妇烈女"与"贤妻良母"的高尚情操和聪明睿智。自成书以来,即被作为女子的家庭教育课本。此书对女子的教诲和要求,对于今人修身、齐家、教子亦有珍贵启示。

《女范捷录》内容包括:《统论篇》、《后德篇》、《母仪篇》、《孝行篇》、《贞烈篇》、《忠义篇》、《慈爱篇》、《秉礼篇》、《智慧篇》、《勤俭篇》、《才德篇》。

统论篇

原文

乾象乎阳,坤象乎阴,日月普两仪之照。男正乎外,女正乎内,夫妇造万化之端。

五常之德著①,而大本以敦②。三纲之义明,而人伦以正。故修身者,齐家之要也。而立教者,明伦之本也。

正家之道,礼谨于男女。养蒙之节,教始于饮食。幼而不教,长而失礼。在男犹可以尊师取友,以成其德。在女又何从择善诚身,而格其非耶?是以教女之道,犹甚于男。而正内之仪,宜先乎外也。

以铜为鉴,可正衣冠。以古为师,可端③模范。能师古人,又何患德之不修,而家之不正哉?

注释

①著:著明,彰显。②敦:敦厚,稳固。③端:正,规矩。也可引申为规则、法度。

译文

乾卦之象是阳,坤卦之象是阴。天地之间,日阳月阴,是为两仪。有阴阳,就有男女。有男女，必有夫妇。男人正位于外，女人则正位于内。天地之间所有的万物、事理，都是从阴阳男女起源的。

仁、义、礼、智、信这"五常"的德性，如果能够在人们的心中彰明，那么，修齐治平的根本就稳固了。如果人们能够明白君为臣纲，父为子纲，夫为妻纲这"三纲"的大义，那么人世间的伦理道德自然就归正了。所以说，修身是齐家的要务，而立教为明伦的根本。

《礼记》认为：端正家风、振兴家道的根本义理在于男女有别。教养孩童的关键，应从饮食开始。教育男女，必须从童年开始，否则，长大了必定难以知理。对于男子来说，可以从其良师益友那里得到教诲，以成就其德性。而对于女子来说，身居深闺，如果不早早进行启蒙教育，等到长大成人后，到何处再去寻找榜样加以效法，去格正她非礼的意念呢？所以说，教育女子比教育男子更为紧要。

以铜为镜，人们可以用来端正自己的衣帽；以历史为师，人们可以明了做人的标准。能够效法那古代的贤人，又何愁德性不修、家道不正呢？

解读

《统论篇》的主旨是从宏观上论述端正家风、振兴家道以及教养孩童的重要性和必要性。

《中庸》说："君子之道，造端乎夫妇。"夫妇之道始于阴阳之道。丈夫仁义，妻子柔顺，对子女言传身教，才能使家风归于正道。《礼记》说：教育子女必须从童年开始，如果幼年不能得到良好的启蒙教育，长大了就难以格去心中的杂念。很多有教养、有成就的女性，都因为从小就受到了父母的教诲，从而养成了良好的秉性。

古代二十四孝故事中的"扼虎救父"的故事，说明了女子从小就接受良好道德教育的重要意义。故事说的是晋朝杨丰的女儿杨香，在她很小的时候，母亲就去世了，父亲含辛茹苦，把她拉扯成人，并对其进行孝道品德的培养。杨香在父亲的教育下，心地善良，懂得孝道。她知道父亲抚养自己不容易，因此，对父亲非常孝顺。十四岁那年，杨香随同父亲去田里割稻，忽然蹿出一只大老虎，扑向杨丰。杨香此时一心只想着父亲的安危，完全忘记了自己与老虎的力量悬殊。只见她猛地跳上前去，用力卡住老虎的脖子，任凭老虎怎么挣扎，她一双小手始终像一把钳子，紧紧卡住老虎的咽喉不放。老虎终因喉咙被卡，无法呼吸，瘫倒在地，他们父女得以幸免于难。一个小女孩徒手搏虎，并从虎口中救出了自己的父亲，其孝心和勇气是多么可嘉。

爱的力量是伟大的，孝的力量是巨大的。父母对子女的爱是无私的、博大的；子女对父母的爱以道德的形式体现为孝。

在此需指出的是，本篇所言的"三纲"（君为臣纲，父为子纲，夫为妻纲），特别是将女子完全视为男子附属物的"夫为妻纲",在当代社会已经失去其社会基础,必须加以扬弃;至于文中提到的"五常"(仁、义、礼、智、信),剔除其封建伦理的糟粕,对于今人修身养性,提升精神境界、维护社会公德、规范人际关系,仍具有一定的现实意义。

后德篇

原文

凤仪龙马①,圣帝之祥。《麟趾》《关雎》②,后妃之德。是故帝喾③三妃,生稷、契④、唐尧之圣。文王百子,绍姜、任、太姒之徽⑤。妫汭⑥二女,绍际唐虞之盛。涂莘⑦双后,肇开⑧夏商之祥。

宣王晚朝,姜后有待罪之谏。楚昭晏驾,越姬践心许之言。明和嗣汉,史称马邓之贤。高文兴唐,内有窦孙之助。暨夫宋室之宣仁,可谓女中之尧舜。

乌林尽节于世宗,弘吉加恩于宋后。高帝创洪基于草莽,实藉孝慈。文皇肃内治于宫闱,爰资仁孝。稽古兴王之君,必有贤明之后,不亦信哉?

注释

①凤仪龙马:舜帝时凤凰来仪;伏羲时龙马负图。象征着祥瑞降临。②《麟趾》《关雎》:《麟之趾》、《关雎》是《诗经》中两首诗的篇名。③帝喾(kù):姬姓,名俊(夋),五帝之一。④契(xiè):

古人名,中国商朝的祖先,传说是舜的臣,助禹治水有功而封于商。⑤徽:美好。⑥妫汭(guī ruì):舜的居地,借称舜的配偶娥皇与女英。⑦涂莘:"涂"指夏禹妃涂山氏;"莘"指汤妃有莘氏。⑧肇(zhào)开:肇始,引起。

译文

舜帝时有凤凰来仪的祥瑞之兆,伏羲时有一神奇的龙马在黄河背负着一张神秘的图呈现祥瑞,这些都是由圣王的仁慈和厚德所致。《麟之趾》、《关雎》这两首诗,是歌颂周朝文王后妃仁德的诗篇。帝喾有三个后妃,分别生下了后稷、契和尧三位贤圣。周朝延续百男的福庆,得益于太姜、太任和太姒等后妃仁厚慈孝的美德。尧帝因为舜有圣德,就把自己的两个女儿娥皇、女英嫁到妫汭给舜做妻子。娥皇和女英不以帝王的女儿自居,孝顺公婆,恭敬丈夫,使得唐虞大盛。还有那夏禹王的妃子涂山氏、商汤王的妃子有莘氏,由于其贤德,开启了夏、商王朝的基业。

周宣王上朝迟了,皇后姜氏就脱了发簪耳环,待罪于永巷以进谏,宣王从此勤于朝政。楚昭王驾崩,唯有越姬践行心许的诺言,从楚昭王而死。汉明帝马皇后、汉和帝邓皇后,史书称誉她们贤明仁厚。唐高祖皇后窦氏、唐太宗皇后长孙氏,都有协助二君成就帝业的功绩。宋英宗的宣仁高太后,拥立皇孙哲宗垂帘听政,除去前朝弊政,史书称她为女中之尧舜。

乌林氏是金朝葛王的妃子,当时金主亮遍淫宗族的妇女，只有乌林氏不从，而吊死在车中。后来葛王登基，终身不立皇后。弘吉氏是元世祖的皇后，宋朝灭亡后，弘吉氏由于敬佩南宋谢太后的贤德，对她恩礼有加。草根出身的明高帝，之所以能够开创国家的基业，实在是得益于孝慈皇后马氏的辅佐。

明成祖仁孝文皇后徐氏，之所以能够作《内训》二十篇，以教育宫中女子，并整肃皇宫内治，实在是得益于其生性仁慈孝敬。可见，自古凡是兴国利民的君主，必有贤明的皇后予以辅佐，以成就内宫的治理。这些都是确实可信的。

解读

《后德篇》主要讲述仁慈贤明的皇后辅佐帝王成就帝业的事迹和道理。

《关雎》是《诗经·国风》的开篇，咏叹的是后妃之德，是劝告天下之民端正男女之事的诗篇。"风"即是"讽"、"教"。"讽"是委婉劝告以打动人，"教"是光明正大以化育人。情感在心里是"志"，用优美的言语抒发出来就是"诗"——"诗言志"。诗有惊天地泣鬼神之妙用，先王用诗来治理国事、教化百姓、端正人伦、移风易俗。《关雎》、《麟之趾》等篇的教化，是王者之风，所以都在周公名下，属《周南》。"南"，是指王者教化自北方而流布于南方的意思。《麟之趾》、《关雎》这两首诗，是歌颂周朝文王后妃的仁德的诗篇，麒麟的脚不踏生草，不踩生虫，以此比附后妃的仁慈；雎鸠鸟自出生就有一定的配偶，并游而不相互戏弄，以此比喻后妃的贞德。

关于后妃帮助帝王成就大业的典故很多。人们常用"貌似无盐"来形容丑女，这"无盐"指的是战国时代齐国无盐县（今山东东平东部）的丑女钟离春。据史料记载：她额头前突，双眼下凹，鼻孔向上翻翘，头颅大，头发少，颈部喉结比男人的还要大，皮肤黑红，四十多岁还未出嫁。当时执政的齐宣王昏庸腐败，性格暴烈，喜欢被人吹捧，全国上下人心惶惶。钟离春虽然貌丑，但饱读诗书，志向远大，她为了拯救国家，冒着杀头的危险，来到都城临淄，见到齐宣王后，便举目、张口、挥手、拍腿，然后高喊："危险啊！危险啊！"

齐宣王被她弄得稀里糊涂，要她说个明白。钟离春上前施礼后说道："我这举目，是替大王观察风云的变化；张口，是惩罚大王那双不听劝谏的耳朵；挥手，是替大王赶走阿谀之徒；拍腿，是要拆除大王这专供游乐的'雪宫'。民女不才，但我也听说'君有诤臣，不亡其国；父有诤子，不亡其家'。而今大王沉湎酒色，不纳忠言，这是我张口为大王接受规劝的意思。敌人就要大兵压境了，您还被一群吹牛拍马之徒包围着，这是要误国的，因此我挥手将他们驱逐掉。大王耗费大量财力、物力、人力造成如此豪华的宫殿，弄得国库空虚，民不聊生，今后怎能迎战秦兵？我这才手拍大腿让大王拆除这座亡国的雪宫。在国家危难之时，我冒着杀头的危险来劝告大王，如能采纳我的意见，民女死也无憾了！"

钟离春的这一番振聋发聩的话语，使齐宣王如梦初醒，大为震撼。说:"如果你不及时来这里提醒我,我哪会知道自己有这么多过错啊!"于是把钟离春看成是自己的一面镜子,为表明要痛改前非,让钟离春做了皇后。当上了皇后的钟离春并没有和齐宣王一起享受荣华富贵,而是继续用她的诤诤谏言令齐宣王多次幡然醒悟,她尽心尽力地辅佐齐宣王,使其从一个不理朝政、浑浑噩噩的昏君开始向一个明君转变。齐宣王从此励精图治、强兵练马、罢弃宴乐、除佞用忠,在他的治理下,齐国的国库日益充盈,国力迅速增强,成为"千乘之国"。后来元代艺人将钟离春的事迹编成杂剧,以赞扬她冒死进谏、以天下为己任的精神。

由于时代的原因,篇中论述的内容譬如"凤仪龙马,圣帝之祥"等,难免带有封建迷信的色彩;而有关"楚昭晏驾,越姬践心许之言"、"乌林尽节于世宗"等论述,则含有将女子视为男子的附属物,轻视、践踏女性生命和人格的成分,对此需加以分析批判。

母仪篇

原文

父天母地，天施地生。骨气像父，性气像母。

上古贤明之女有娠①，胎教之方必慎。故母仪先于父训，慈教严于义方。是以孟母买肉以明信，陶母封鲊②以教廉。和熊知苦，柳氏以兴。画荻为书，欧阳以显。

子发为将，自奉厚而御下薄，母拒户而责其无恩。王孙从君，主失亡而己独归，母倚闾③而言其不义。不疑尹京，宽刑活众，贤哉，慈母之仁！田稷为相，反金待罪，卓矣，孀亲之训！

景让失士心，母挞之而部下安。延年多杀戮，母恶之而终不免。柴继母舍己子而代前儿，程禄妻甘己罪而免孤女。程母之教，恕于仆妾，而严于诸子。尹母之训，乐于菽水④，而忘于禄养。

是皆秉坤仪之淑训，著母德之徽音者也。

鍾離春勸諫齊宣王

簡山

緹縈救父

伯兮

伏氏祖孫錄尚書
蘭山

注释

①娠（shēn）：怀孕。②陶母封鲊（zhǎ）：《世说新语》内记载的故事，讲述陶侃母亲教导其要从小处养成廉洁的故事。③闾（lǘ）：里巷的门。④菽（shū）水：豆子和水，形容生活艰辛。

译文

父亲是天，母亲是地。天降雨露，地生万物。人的骨气主志，志属于阳，所以像父亲；人的性气主情，情属于阴，所以像母亲。

古代凡是贤明的女子怀孕时，必定谨慎地遵守胎教的各种要求。所以说，教诲儿女，母仪比父训要早，慈教比义方要严。孟子母亲去买肉是为了不失信于儿子。陶侃母亲将儿子送给她的鲊鱼封了起来，并予以退还，是为了教育陶侃做一个廉洁的官员。唐朝柳公绰的妻子韩夫人，用熊胆搅拌药丸，叫孩子们含着药丸读书，以激励其苦志，从而使柳氏家族得以振兴。宋朝欧阳修年少时家境贫寒，母亲用芦荻在沙子上写字教他诵读，从而使欧阳修成为一代名流。

子发是楚国的将官，回家探望母亲时，母亲不让他进门，责怪他自己吃香喝辣，而不顾将士们的艰辛。齐国的王孙贾跟随愍王外出，却与愍王走散后独自回家，王孙贾的母亲在巷口训斥他此种行为是对君王的不义。汉代的隽不疑在做京兆尹时，断案时宽大为怀。众人称：隽不疑的贤仁是受到慈母教诲的结果。齐国宰相田稷，受了金钱孝敬母亲，母亲拒收并训斥他不该贪赃。田母如此从严教子，终使田稷成为一代贤臣。

唐朝的李景让做节度使时,性情乖戾,丧失军心。母亲郑氏升堂鞭打景让,结果使景让得到了部下的谅解,赢得了军心。汉代河南太守严延年杀人众多,母亲石夫人怒斥他将来要遭报应。后来,严延年果然被诛杀。周朝齐宣王时有人被杀,当时正好在场的兄弟俩都主动承担责任,齐王难以断决,就征求其母亲意见。母亲将亲生的小儿子替代非亲生的大儿子。南齐时,崖州参军程禄的妻子王氏,为了免去继女的罪责,自己主动担罪。北宋程颢、程颐的母亲侯氏,教子严而有方,但对待仆人和姬妾却十分宽恕。还有北宋尹焞的母亲陈氏,宁可儿子用粗茶淡饭来奉养自己,也不愿意儿子做一个有俸禄的昏官。

以上各位贤母,都能够秉承仁慈贤淑的母训,以彰显母德的美好。

解读

《母仪篇》主要是明书母仪(为母之道)对于子女成长、国家兴盛所起到的重要作用。

中国古人对于母仪有诸多规范。母亲从受孕的第一天起就非常重视胎教:言行举止、行住坐卧都有具体要求,如"寝不侧"、"坐不边"、"立不跛"。与此同时,还要从身、语、意、行四个方面要保持内心的清静。因为胎儿的性情会受到母亲怀胎时的情绪影响,所以古人非常重视保护儿童的本性,防止在胎儿期受到不好的影响。

孩子出生之后,从学习吃饭开始,就教他用右手吃饭,教他洒扫应对,教他昏晨定省。《礼记·曲礼上》说:"凡为人子之礼,冬温而夏凊,昏定而晨省。"

这些由谁来教?自然是父母,尤其是母亲。身为女性,在结婚成家之后,相夫教子就成为不可推卸的责任和义务:保姆不能取代母亲照顾子女,祖父母也不能取代母亲教育子女。一位母亲如果没有亲历抚养、教育子女并在此过程中付出母爱,就不会懂得童蒙养正是何等重要。

子女在成长过程中,母亲应对其进行通往光明前程之路的指引,帮助其树立迎接现实生活挑战的信心,鼓励其成为社会、国家的栋梁之才。

古代有慈祥仁厚的母亲,现代也有母爱齐天的女性。割肝救子的陈玉蓉就是这样一位伟大的现代母亲。她五十五岁时患有重度脂肪肝,然而,为了用自己的肝脏拯救患有先天性肝功能不全的儿子,每天风雨无阻暴走十公里。她忍住饥饿和疲倦,不敢停住脚步。上苍用疾病考验人类的亲情,她就舍出性命,付出艰辛,守住信心。作为母亲,她的脚步为人类丈量出一份伟大的母爱亲情。七个月的暴走,使陈玉蓉的体重由六十六公斤减至六十公斤,脂肪肝也消失了,医生认为:这简直就是个奇迹!她用实际行为阐释了母爱齐天的博大内涵。

孝行篇
原文

男女虽异，劬劳①则均。子媳虽殊，孝敬则一。夫孝者，百行之源，而犹为女德之首也。

是故杨香搤②虎，知有父而不知有身。缇萦③赎亲，则生男而不如生女。张妇蒙冤，三年不雨。姜妻至孝，双鲤涌泉。唐氏乳姑，而毓④山南之贵胤⑤。庐世冒刃，而全垂白之孀慈。刘氏啖⑥姑之蛆，刺臂斩指，和血以丸药。闻氏舐姑之目，断发矢志，负土以成坟。陈氏方于归，而夫卒于戍，力养其姑五十年。张氏当雷击，而恐惊其姑，更延厥寿三十载。

赵氏手戮雠⑦于都亭以报父，娟女躬操舟于晋水以活亲。曹娥抱父尸于舜江，木兰代父征于绝塞。张女割肝，以甦⑧祖母之命。陈氏断首，两全夫父之生。

是皆感天地，动神明，著孝烈于一时，播芳名于千载者也，可不勉欤！

注释

①劬（qú）劳：劬的本义是"弯腰用力"，劬劳指过分辛苦、劳累，多指父母养育子女的辛劳。②搤（è）：同"扼"。③缇萦（tí yíng）：人名，汉代孝女，西汉太仓令淳于意的女儿。④毓（yù）：生育，养育。⑤贵胤（yìn）：贵家子弟。⑥啮（niè）：啃咬。⑦雠（chóu）：同"仇"。⑧甦（sū）：同"苏"。

译文

人虽有男女之别，但父母操劳养育之辛苦则是一样的。虽说儿子是亲生的，儿媳是娶来的，然而孝敬父母公婆的道理则是一样的。"孝"是百善的源头，尤其是女德之首要。

因此，晋朝杨丰的女儿杨香，为救即将落入虎口的父亲，舍生忘死，亲手将老虎的咽喉扼住并将其杀死。汉代太仓令淳于意的女儿缇萦，上奏替父甘受刑罚，让人感叹：生男不如生女。汉代寡妇张氏，孝敬婆婆，但却被冤枉处死，结果当地大旱三年。姜诗的妻子庞氏，不辞劳苦为婆婆去江边汲水，变卖自己的首饰为婆婆买鱼吃。结果地下涌出了甘泉水，泉水里跳出了两尾鲤鱼。唐代崔山南的祖母唐氏，用自己的母乳来哺年迈的婆婆，后来崔山南做了节度使，大家都说是唐氏行孝的结果。唐代郑义宗的妻子卢氏，用自己的身体挡住了强盗刺向白发婆婆的刀刃，差点死去。事后大家都敬佩她的孝行。明朝韩太初的妻子刘氏，用嘴为婆婆祛除身上的蛆虫，又用刀刺伤自己的臂膀、斩断自己的手指，用鲜血搅拌药丸给婆婆吃，结果治好了婆婆的病。明徽郡俞新的妻子闻氏，自丈夫亡故后，剪了头发，守节侍奉婆婆，并用自己的舌头舔去了婆婆的眼疾。婆婆去世后，自己又挑土做坟，以尽孝心。宋代妇人陈氏，嫁到夫家只有十天，丈夫被召去把守边关一去不回，陈氏志矢不再嫁，做工奉养婆婆五十载。宋代顾德谦的妻子张氏，梦见神灵告诉她第二天将被雷击，她为了不让婆婆受到惊吓，第二天一早听到雷声后，就远远地跪在桑树底下等死。此行感动了神灵，又给她延长了三十年的寿命。

　　汉代庞淯的妻子赵氏，父亲被赵寿杀害，三个弟弟未报父仇都早早去世，趁赵氏乘马过都亭时，亲手将赵寿的头砍下为父报了仇。周朝晋国大夫赵简子将渡河，摆渡人喝醉了，赵简子欲杀他。摆渡人的女儿娟站出来请求替父划船以救父亲，结果平稳渡过晋水。汉代的曹娥，因为父亲不慎跌落江中被淹死，曹娥便投入江中去寻父亲的尸首。两天后，人们看到曹娥死后抱着父亲的尸首浮出舜江的水面。北魏女子花木兰，女扮男装替父到塞外从军十二年。淮安女子张二娘，祖母病危，医生说要吃活人的肝脏才能医好。张二娘便将自己的肝脏割下一部分，煮好后喂给祖母吃，结果救活了祖母。唐朝长安的陈氏，其仇人想杀她的丈夫，并劫持她的父亲。于是她想出了一计，叫仇人杀了自己，而保全了丈夫和父亲。

　　以上所说女子孝行的故事，足以感动天地神明。那些孝女和烈女的美名不仅在当时流传，而且传扬千秋。

作为女子，岂能不勉励自己！

解读

《孝行篇》主要讲述的是古代孝女的故事，这些故事激励和教育了世代女性去奉行孝道。

现代社会也有很多有关孝女的真实故事。在山西省临汾市隰县有一个女孩叫孟佩杰。五岁那年，父亲被车祸夺去了生命，迫于生活压力，母亲不得不把她送给刘芳英收养。八岁那年，养母刘芳英突然患上了椎管狭窄症，下半身瘫痪，生活不能自理。不堪重负的养父离家出走，留下了年仅八岁的孟佩杰和瘫痪在床的养母刘芳英。

孟佩杰从八岁就承担起了侍奉瘫痪养母的重任，每个月俩人就靠养母微薄的病退工资为生。佩杰每天在上学之余要买菜做饭，替养母刘芳英洗漱梳头、换洗尿布、为全身涂抹三种褥疮药膏。她日复一日照料养母，任劳任怨，不离不弃。2007年，养母的病情开始恶化，并完全丧失了自理能力。初中刚毕业佩杰主动选择了在临汾学院隰县基础部学习，就近照顾养母。2009年，在隰县上完两年后，佩杰还必须到临汾（总校）再接受三年教育，于是她决定带着养母去上学。

为了及时照顾养母，佩杰在离学校最近的地方租了间房子，并向学校申请了走读，每天都奔波在课堂和出租屋之间。照料养母生活起居，是佩杰每天耗时最长的"必修课"。她把省吃俭用节省下来的钱给养母买衣服,而自己穿的多是亲戚朋友家孩子不要的旧衣服。在其他同龄女孩纷纷开始化妆打扮时,她还梳着最简单的学生头,把有限的钱都用在了日常开支和养母身上。她说:"我少买件衣服,少吃顿好饭,妈妈就能多买些好药,少遭点罪。"孟佩杰的孝行岂不也能感天动地?

在此,需指出的是,由于历史的原因和时代的局限,《孝行篇》难免带有浓郁的迷信色彩和封建伦理说教,譬如:"张妇蒙冤,三年不雨。姜妻至孝,双鲤涌泉";"张氏当雷击,而恐惊其姑,更延厥寿三十载"。与此同时,文中还描写了"刺臂斩指"、"陈氏断首"等一些极端行为,对此,读者应有分辨能力。

贞烈篇

原文

忠臣不事两国,烈女不更二夫。故一与之醮①,终身不移。男可重婚,女无再适。是故艰难苦节谓之贞,慷慨捐生谓之烈。

令女截耳劓②鼻以持身,凝妻牵臂劈掌以明志。共姜髧髦③之诗,之死靡他④。史氏刺面之文,中心不改。

皇甫夫人,直斥逆臣,膏鈇钺⑤而骂不绝口。窦家二女,不从乱贼,投危崖而愤不顾身。董氏封发以待夫归,二十年不施膏沐。妙慧题诗以明己节,三千里复见生逢。桓夫人义不同庖,而吟匪石之诗。平夫人持兵间巷,而却阃阃之犯。

夫之不幸,妾之不幸,宋女之言哀。使君有妇,罗敷有夫,赵王之意止。

梁节妇之却魏王,断鼻存孤。余郑氏之责唐帅,严词保节。代夫人深怨其弟,千秋表磨笄之山。杞良妻远访其夫,万里哭筑城之骨。唐贵梅自缢于树以全贞，不彰其姑之恶。潘妙圆从夫于火以殉节，而活其舅之生。谭贞妇庙中流血，雨渍犹存。王烈女崖上题诗，石刊尚在。崔氏甘乱箭以全节，刘氏代鼎烹而活夫。

是皆贞心贯乎日月，烈志塞乎两仪，正气凛于丈夫，节操播乎青史者也，可不勉欤！

注释

①醮（jiào）：古代婚娶时用酒祭神的礼。②劓（yì）：割除。古代割掉鼻子的一种酷刑。③髧（dàn）：头发下垂。髦（máo）：古代称幼儿垂在前额的短发。髧髦：幼年。④之死靡（mí）他：至死不变，形容忠贞不贰。⑤鈇钺（fū yuè）：斩刀和大斧，泛指刑戮。

译文

忠臣不会去侍奉两个国家的君主，烈女不会去侍奉两个丈夫。所以，女子一旦举行过醮（婚）礼，就要对丈夫忠贞不贰。男子以给祖宗传宗接代为重，所以妻死可以再婚。而女子则以给丈夫守节为重，所以夫死不能再嫁。女子丧夫苦守是为贞节，遇难不屈、威逼不从、宁死不辱是为烈女。

魏朝曹文叔的妻子，是夏侯令的女儿。文叔死后，父母要女儿改嫁，令女将自己的耳朵和鼻子割下来，以明贞节。五代时虢州司户王凝的妻子李氏，丈夫死后，领着幼子去奔丧。由于途中住店时被店主拉了手，李氏将被拉过的手掌劈开以表明自己的贞洁。周朝卫国的世子共伯早亡，其妻共姜为他守节。父母劝其改嫁，共姜作诗一首，表明至死不嫁二夫的决心（见《诗经·国风·鄘风》）。明朝溧阳史氏的女儿，还未过门，未婚夫就过世了。父母打算把她再许配给别人，该女则在自己的脸上刺上"中心不改"四字，以表明至死不渝的决心。

汉朝皇甫规的夫人，是个有名的才女。皇甫规死后，董卓想要娶她，她至死不从，并怒斥董卓，董卓将她的头挂在车上，用乱棍击打，该夫人骂不绝口而死。唐朝德宗时，奉天窦家有两个女儿被盗贼所逼，为了反抗，二女奋不顾身地跳下了悬崖。唐朝贾直言，因为谏君之事被贬到岭南。其妻董氏拿了一条绸子把自己的头发扎起来，叫丈夫亲手写字封住，说非丈夫回来不解。二十年后，丈夫回来后亲自为她解开。明朝扬州卢进士之妻李妙慧，丈夫中进士后未及时归家，后又听说丈夫死了。妙慧在壁上题诗一首，表明自己至死不渝的决心。后来卢进士做官归家途中，看见壁上所题之诗，乃行三千里寻得妙慧，夫妻得以重逢。周朝时卫桓公夫人姜氏，从齐国嫁到卫国，尚未到达卫国城郊，就得知夫君被杀，但她拒不回齐国，而决然赴卫国，并拒绝与继君宣公同庭而居，后作诗"我心匪石，不可转也",以表明自己从一而终的决心。楚平王夫人伯嬴,在吴王阖闾破了楚国想去冒犯她时,她手持兵器守住永巷,抵制了吴王的进犯。

周朝宋国有一女子嫁到了蔡国,不知丈夫有恶疾。后来父母要她改嫁,她却说:"丈夫的不幸,就是我的不幸。"因病抛弃丈夫是不仁义的,后来此女子侍奉丈夫直到终享天年。汉朝时赵王有个家令,娶妻秦罗敷,美貌非凡,赵王想夺她为妾,罗敷作诗以婉拒:"使君自有妇,罗敷自有夫。"赵王便打消了念头。

梁节妇丈夫死了,魏王想娶她。节妇把自己的鼻子割掉以断了魏王的念想,并将幼子抚养成人。南唐余洪的妻子郑氏,被将官王建封掳去,王建封把郑氏献给了主帅查文徽。郑氏义正词言地斥责并说服了查文徽,保住了贞洁。周朝时晋国赵简子的女儿,许配给代君做夫人。她的弟弟襄子把代君杀了,要迎回姐姐。代夫人却将所戴的头笄磨得尖快,刺入自己喉咙而死。后人为了表彰她的贞烈,便将代夫人所葬之山改名为磨笄山。秦国范杞良娶妻三日,就被征去筑万里长城。天气转寒,其妻姜氏做好棉衣去寻找丈夫。路上听说丈夫已死,因尸骨成山不得辨认,姜氏大哭三天,把长城哭崩塌后,露出了丈夫的尸骨。明代女子唐贵梅,十七岁丧夫。其婆婆与一商人私通,并告发媳妇忤逆不孝。唐贵梅受到责骂后在一棵树上吊死了,至死没有说出婆婆的隐情,维护了婆婆的名声。元朝徐允让的妻子潘妙圆,贼人捉了她的公公,杀了她的丈夫,并想霸占她。潘妙圆机智地说:"你如果放了我公公,并将我丈夫的尸体烧了,我就跟从你。"贼人于是便放了她公公,在焚烧她丈夫时,她自己跳入火海而死。宋朝赵宗室妻谭氏,抱着年幼的儿子逃难时躲在文庙里,被元兵发现后死不依从,结果母子都被杀害,血溅到石头上,雨水都冲刷不去。元末临海王氏,才貌双全。乱兵杀掉她丈夫后,驱赶着她经过嵊县的清风岭时,她在岭上题诗一首以表贞烈,随后便跳下悬崖而死。后人赞其贞烈,将她的诗刻在了悬崖上。唐朝赵元楷的妻子崔氏,被强盗捉住后,手持刺刀极力反抗,后被乱箭射死保全了名节。元朝末年,汉中大荒,乱兵竟然吃起了人肉。有一天李仲义被捉住后将要被煮了吃。其妻刘氏对乱兵说:"我比丈夫肉多味美,还是把我煮吃了吧。"结果乱兵放了李仲义,把刘氏煮吃了。

以上所说的这些女子,其贞心可贯通日月,其烈志可充塞天地。她们凛然正气如同大丈夫,其节操名垂青史。做女子的要勉励自己啊!

解读

《贞烈篇》运用大量的历史典故来褒奖、宣扬史上诸多贞烈女子守节的事迹。这些典故在一定意义上既有正面价值,也有负面影响，给人以诸多感悟和启示。

由于封建社会极力宣扬贞洁忠烈，唐代诗人孟郊曾运用比兴手法，以烈女自比，写下了《烈女操》：

梧桐相待老，鸳鸯会双死。
贞妇贵殉夫，舍生亦如此。
波澜誓不起，妾心古井水。

诗人孟郊开篇以"梧桐相待老，鸳鸯会双死"起兴，来比喻烈女的贞洁。接下来，诗人直接写贞妇殉夫"舍生亦如此"，表现了贞妇守节不嫁的情操。在诗的最后两句，诗人以"古井水"作比，进一步表明了"妾心"的坚定不移，以称颂妇女守节不嫁的心志。诗人孟郊创作这首诗是有所寄托和寓意的：借歌颂烈女誓死不嫁的品格，来表明自己情操高洁的心志和品行，即宁死也不肯与权贵同流合污的志向。

不可否认，《贞烈篇》所讲述的诸多典故，虽然在当时对于要求人们忠实于爱情以纯化社会风气，具有一定的正面价值，但其所宣扬的"烈女不更二夫"、"令女截耳劓鼻以持身，凝妻牵臂劈掌以明志。共姜髧髦之诗，之死靡他。史氏刺面之文，中心不改"等内容，无疑反映了当时社会对女性的束缚和压制。女子不能改嫁、贞洁的重要性超过生命等观念，成为禁锢女性的枷锁，因而造成了诸多历史悲剧。今天，我们去阅读该篇时，应对其封建糟粕予以批判扬弃。

忠义篇

原文

君亲虽曰不同,忠孝本无二致。古云:率土莫非王臣,岂谓闺中遂无忠义?

咏《小戎》之驷,勉良人以君国同仇。伐汝坟之枚,慰君子以父母孔迩。美范滂之母,千秋尚有同心。封卞壶之坟,九泉犹有喜色。

江油降魏,妻不与夫同生。盖国沦戎,妇耻其夫不死。陵母对使而伏剑,经母含笑以同刑。池州被围,赵昂发节义成双。金川失守,黄侍中妻女同尽。

朱夫人守襄阳而筑城,以却秦寇。梁夫人登金山而击鼓,以破金兵。虞夫人勉子孙力勤王事,谢夫人甘俘虏以救民生。

齐桓尸虫出户,晏娥踰垣①以殉君。宇文白刃犯宫,贵儿捐生以骂贼。鲁义保以子代先公之子,魏节乳以身蔽幼主之身。

孙姬,婢也,匍伏湖滨,以保忠臣血胤②。毛惜,妓也,身甘刀斧,耻为叛帅讴歌。

刘母非不爱子，知军令之不可干。章母非不保家，愿阖城之俱获免。

是皆女烈之铮铮，坤维之表表。其忠肝义胆，足以风百世而振纲常者也。

注释

①踰垣（yú yuán）：翻越墙头。②血胤（yìn）：血统；同一血统的子孙后代。

译文

虽说君上是尊，父母是亲，在位份上有所不同，但在本质上是一致的。因为，能孝于亲的人，必定是忠于君的人。古诗说：率土之滨，莫非王臣。无论男女，都是君的臣民。难道深闺中的女子，就没有忠义之人？

周朝诸侯秦仲，因征伐犬戎而阵亡。秦襄公为消灭犬戎而操练兵马，妇人们都勉励丈夫为君国尽忠。《诗经·秦风·小戎》一诗真实地反映了该段历史。周文王率领六州百姓给纣王当差，汝坟之地的妇人一边砍伐树木的枝条，一边思念夫君并勉励其要思文王之德，如父母离得近，要早供王事而归。汉朝范滂的母亲说："儿子做忠臣，我做忠臣的娘，还有什么值得遗憾呢？"宋代苏子瞻的母亲程氏对儿子说："你能做范滂，我就不能做范滂的娘吗？"真可谓：人同此心！晋朝的卞壶父子死于忠孝，其坟墓就在冶城旁。明太祖时要建造一座朝天宫，想将卞壶父子的坟平掉。卞壶的妻子化作白衣女子进入明太祖的梦中为其说理,明太祖得知后,便为他们建祠封墓,使得忠孝之士得以含笑九泉。

三国时期,魏兵征伐蜀汉,江油守臣马邈投降了魏兵,他的妻子李氏却将唾沫吐到马邈的脸上,指责他不战而降令人不齿,于是上吊身亡。周朝时的戎国伐盖国,盖国君死。戎国国君下令:如果盖国的臣子不投降而自杀,就要诛杀其妻。盖国的将官邱子本已自杀但又被救活,因担心妻子被杀就没再自杀,其妻认为丈夫这样做不义,于是上吊身亡。秦末楚汉相争,王陵在汉沛公处为官,楚霸王拘拿了王陵母亲,并对汉使说,如果王陵不投降,就要杀他的亲娘。陵母叫汉使转告儿子:"要善事汉王,不要记挂我!"说完后即伏剑而死。三国时魏国的王经母子,被司马昭杀害前,王经对母亲说:"是儿子连累了母亲!"而母亲却笑着说:"你做忠臣,娘死而无憾!"于是母子同死。宋朝的赵昂发在池州被元兵围攻,夫妇二人写下十六个大字:国不可背,城不可降,夫妻同死,节义成双。随后双双吊死于从容堂。明朝时金川门失守,建文帝出亡。侍中黄观和妻女不忍屈辱,都投江而死。

晋朝的朱序守襄阳时,夫人率领家中的婢妾独守一面。城将破时,夫人又拿出自己的私房钱,连夜构筑内城,最终击退了前秦大军。南宋时,金兵打进来了,韩世忠率兵迎战,他的夫人梁氏登上金山顶,亲自击鼓以激励将士们的斗志,结果大败金兵。晋朝虞潭的母亲虞夫人,在儿子镇守吴兴城时,勉励子孙要竭力为国效忠,不要忧虑年迈的自己。宋朝的谢枋得在元朝得天下后,起兵复宋,兵败后饿死尽节。夫人李氏带着两个儿子逃到深山里,元将下令说,如果捉不到李氏,就将杀尽那一带山里的百姓。谢夫人说:"不可为我而伤民。"于是自己甘愿就俘,后上吊而死。

齐桓公死时,五个儿子都去争夺王位,四个月不予下葬,结果尸虫都爬到了户外。此时,宫女晏娥不忍主君暴尸,就跳墙进去,吊死在齐桓公的旁边。宇文化及带兵进城杀隋炀帝,宫中的人全部逃散,唯有宫女朱贵儿以身体遮护着隋炀帝并怒斥宇文化及。结果朱贵儿先被杀害,接着隋炀帝也被杀死。周朝时鲁国伯御杀了懿公后篡位,又想杀孝公。孝公的保姆臧氏便给自己的儿子穿上孝公的衣裳,让他躺在床上,然后抱着孝公逃到舅舅家躲藏起来。后来周宣王杀了伯御改立孝公,并赐臧氏封号为"孝义保"。秦国杀了魏王和诸公子,唯有最小的公子被奶妈抱出逃到了深山里。秦王下令:谁交出小公子就赏千金;谁藏匿就灭族。后来有人供出了奶妈和小公子,奶妈为救小公子身中几十支箭,结果与小公子同死。

明朝守将花云被杀,其妻也殉节而死。花云的婢女孙氏,抱着花云三岁的儿子,爬到湖边的蒲草里,采莲子喂孩子,以保全忠臣的骨血。淮安地方的官妓毛惜惜,宁愿被杀也不为叛军献歌。

南唐将领刘仁瞻守寿州时,因儿子违反军令便下令斩首。有人想叫刘仁瞻的夫人出面相救。夫人说:"不是我不爱自己的儿子,因为军令是不能干预的。"建州的章母,由于救过王建封,当王建封打到建州要屠城时,为了报恩,便派人送了一只令箭插到章母门口说是可以免死。章母把令箭交还后说:"我不忍全城尽死,唯有我家幸免,我愿与这城同尽。"王建封被章母的大义所感动,破城后全城免杀戮。

以上说的这些烈女都有铮铮铁骨,不同凡俗。她们与男儿一样,也有侠骨义胆,忠心耿耿,其芳名定流传百世,并振兴伦理纲常之教化。

解读

《忠义篇》主要是歌颂女子的赤胆忠心和侠肝义胆。

该篇引用的《小戎》,出自《诗经·秦风》的一篇,为先秦时期秦地汉族民歌。全诗三章,每章十句,是一首描叙妻子怀念出征丈夫的先秦诗歌。秦师出征时,家人必往送行,征人之妻当在其中。事后,妻子回忆起当时丈夫出征时的壮观场面,进而联想到丈夫离家后的情景,回味丈夫给自己留下的美好形象,希望他能够为国建功而凯旋。此诗的主题是颂扬女子的忠君爱国精神,正如该篇所言:"岂谓闺中遂无忠义?"

《小戎》这首诗体现了"秦风"的特点。在秦国,习武成风,男儿从军参战,为国效劳,成为时尚。在诗中描写的那位女子心目中，其夫是个英俊勇武的男子汉，他驾着战车，征讨西戎，为国出力，受到国人的称赞，她为有这样一位丈夫而感到荣耀。她思念从军在外的丈夫，但她并没有拖丈夫的后腿，也没有流露出类似"可怜无定河边骨，犹是春闺梦里人"（陈陶《陇西行》）那样的哀怨情绪，正如今人朱守亮所说："不肯作此败兴语。"（《诗经评释》）实为后人所赞誉！

由于时代的局限，《忠义篇》所讲述的内容，不乏忠君（含有愚忠）、守节、殉节等封建糟粕，读者应加以分析批判，在此就不一一赘述。但其中的历史人物所表现出来的忠诚爱国、坚贞不屈、大义凛然、视死如归的精神，在今天仍然熠熠生辉！对于塑造民族性格、弘扬民族精神具有现实意义。

慈爱篇

原文

任恤睦姻，根于孝友。慈惠和让，本于宽仁。是故螽斯揖羽①，颂太姒之仁。银鹿绕床，纪恭穆之德。士安好学，成于叔母之慈。伯道无儿，终获子绥之报。

义姑弃子留侄，而却齐兵。览妻与姒均役，以感朱母。赵姬不以公女之贵，而废嫡庶之仪。卫宗不以君母之尊，而失夫人之礼。庄姜戴妫，淑惠见于《国风》。京陵东海，雍睦著乎世范。

是皆秉仁慈之懿，敦博爱之风。和气萃于家庭，德教化于邦国者也，不亦可法与！

注释

①螽（zhōng）斯：中国北方称其为蝈蝈。揖：会聚。羽：翅膀。螽斯揖羽：形容蝈蝈众多，寓意多子多孙。

译文

任恤睦姻，植根于孝友。宽仁是慈惠、和让的根本。《诗经》歌颂周文王的妃太姒，由于生性仁慈，所以子孙众多，其乐融融。吴越文穆王的妃马氏，自己没有生子，便请求丈夫纳妾。结果文穆王的众妾生了十五个儿子，马氏亲如己出，让他们个个抱着小银鹿围着床上的大银鹿玩耍。晋朝的皇甫士安，年幼时父母双双过世，起初贪玩怠学，是慈祥贤惠的寡婶督促他读书学习，使其学业有成。邓伯道夫妻俩在兵乱时，带着自己和亡弟的儿子逃到山中。后来由于实在没东西可吃，夫妻俩便决定舍弃自己的儿子以救活侄儿。夫妻俩临终时，侄儿邓绥为报养育之恩，为伯父母守孝三年。

齐侯伐鲁，鲁国有个妇人在逃难时，由于受亡兄托孤，为救侄子而丢弃儿子。齐侯得知后深受感动，于是便和而退师。晋朝王祥的继母朱氏，经常虐待王祥夫妇。王祥的弟弟王览是继母所生，每当王祥夫妇受虐待时，王览夫妇都挺身而出与兄嫂共同承担苦役，结果感动了朱氏，于是也将王祥夫妇视为己出。晋文公将女儿赵姬嫁给了赵衰。赵衰在迎娶赵姬之前，已有妻儿。赵姬不以公女自居，主动提出要赵衰将前妻母子接回，并尊前妻为正室，以前妻所生的儿子盾为嫡子，免除了嫡庶之争。卫国嗣君的母亲是庶妾，由于正室无子，便立庶妾的儿子继位。结果正室夫人要求退居到其他宫室，嗣君母亲坚持嫡庶之道不可废弃，使正室夫人大为感动，结果嫡庶相处十分融洽和睦。齐国妇人庄姜，庶妾陈氏戴妫的儿子死了，所以要回到陈国去。庄姜念二人相处甚好，于是作诗一首表达不舍之意，二人的淑慧之情见于《诗经·国风》。晋朝王浑妻京陵钟氏、王浑弟弟王澄妻东海郝氏，都和顺有礼，治家有方，成为世人的楷模。

以上所讲的这些女子，都能够秉持仁慈的美德，教养博爱的风气，使和睦的气氛萦绕在家庭之中，使美德教化于邦国之内。这些贤明的女性确实是后世效法的榜样。

解读

《慈爱篇》原文虽然不长，但引用典故颇多。为了让读者了解这些典故，因此在"译文"中稍加解释。

任、恤、睦、姻，在古代被称为"四行"。"任"是受人之托，担任抚育、赡养等事；"恤"是怜悯鳏寡孤独，而且对其进行周济抚恤；"睦"是使得家庭、宗族之间得以和顺；"姻"是将恩义施予亲戚邻里。以上"四行"，都植根于"孝"、"友"。因为"孝"，则敬亲不敢慢待于人、爱亲不敢交恶于人；因为"友"，则爱于兄弟、和于妻子、敬于长上、怜悯孤幼。

"宽"则无不恕，"仁"则无不爱。能够宽恕，自然就"和让"；能够仁爱，自然就"慈惠"。周朝时，齐侯讨伐鲁国，看见有个妇人带了两个孩子在逃难。每逢遇见齐兵，那位妇人就赶紧丢掉小儿子，而抱起大儿子飞快地逃命。齐侯见了，百思不得其解，便召来询问："一般人家都疼爱少子，你却相反，是为何故？"妇人回答说："那小的是我自己生的，大的是我的侄子。我曾受亡兄托孤。"齐侯听说后，感到鲁国的妇人都能够如此深明大义、怜悯孤幼，于是便与礼仪之邦的鲁国讲和，退兵而回。

　　我们今天在继承和弘扬中华优秀传统文化时，应对《慈爱篇》中的内容予以辩证分析，弃去其封建糟粕，吸取其有利于构建和睦家庭与和谐社会的精华，弘扬仁爱宽恕精神，以"老吾老以及人之老"、"幼吾幼以及人之幼"的博大情怀，让世界充满爱。

秉礼篇

原文

德貌言工，妇之四行。礼义廉耻，国之四维。人而无礼，胡不遄①死？言礼之不可失也。

是故文伯之母，不踰②门而见康子。齐华夫人，不易驷而从孝公。孟子欲出妻，母责以非礼。申人欲娶妇，女耻其无仪。杞公吊杞梁之妻，必造庐以成礼。溧女哀子胥之馁，宁投溪而灭踪。

羊子怀金，妻挈讯其不义。齐人乞墦③，妾妇泣其无良④。宋伯姬，保傅⑤不具不下堂，宁焚烈焰。楚贞姜，符节⑥不来不应召，甘没狂澜。

是皆动必合义，居必中度。勉夫子以匡其失，守己身以善其道。秉礼而行，至死不变者，洵⑦可法也。

注释

①遄（chuán）：快，迅速，往来频繁。②踰（yú）：越过，超过，同"逾"、"窬"。

③墦（fán）：坟墓。④良：古时夫妻互称为良人，后多用于妻子称丈夫。⑤保傅：古时负责保育、辅导贵族子女的老年妇人。⑥符节：中国古代朝廷传达命令、征调兵将以及用于各项事务的一种凭证，用金、铜、玉、角、竹、木、铅等不同原料制成。用时双方各执一半，合之以验真假。⑦洵（xún）：诚实，实在，确实。

译文

妇德、妇貌、妇言、妇红，是女子的四种德行。礼、义、廉、耻，是一个国家的四种基本纲常。人如果无礼，何不快点去死？也就是说，礼是非常重要的，是不可或缺的。

季康子的叔祖母，已经七十岁了，康子去拜见她，还得立于门外，隔着门帘说话。如此守礼，实在难得。齐孝公夫人，是卫国华氏的女儿，有一次乘坐"安车"随从孝公出游，后来突然车子翻了，车子的帘子也破裂了。齐孝公当时派人差了四匹马的车来接她，因为马车没有帘子，她始终不肯上车，后来又派了有帘子的安车，才坐车回去。孟子因为一件小事想休掉妻子，孟母给孟子讲清道理，使孟子认识到自己的无礼。申国有个人想娶妻，但没有以礼相待，该女子便指责其不懂礼仪，因此死不听命。周朝时晋国伐齐，齐国将官杞梁阵亡，其妻将丈夫尸骨运回的路上遇到齐顷公。顷公想在半路上为杞梁吊丧，杞梁的妻子坚持说半路上吊丧是不合礼仪的，后来说服了顷公，等到丧归，顷公亲自去吊丧。楚国的伍子胥，逃难途中经过溧水，因三天没吃东西，便向一个浣纱女讨要食物。伍子胥吃后告诉那女子：后面有追兵来，千万不要说起这件事情。女子为了证明自己讲信用，就投河而死以消灭行踪。

战国时的乐羊子，在路上拾了一块金子，回家后交给妻子。其妻说："这些金子虽然无主，难道你的心也无主吗？"羊子十分惭愧，便退回原路等待失主并归还原主。有个齐国人，家中有一妻一妾。他每次出门，必定是酒醉饭饱而归，并说是富贵人家请他。他妻子不信，等他出门时便悄悄地跟在后面。然后看到他到坟丛中去乞求食用人家祭祀过了的祭品。妻子回来告诉妾说：这个丈夫不是能够托付终身的人。于是妻妾二人哭着数落丈夫。宋共公的夫人伯姬，是鲁宣公的女儿。有一天夜里，宫里发生火灾，左右随从都劝伯姬赶快逃避，伯姬却说：妇人应遵守规矩，若是保姆傅母不在身边，晚间是不能离开房间的，不能因乱而失礼。结果被烧死。楚昭王的夫人贞姜，跟着楚昭王出去游玩，楚王叫贞姜留在渐台上面，并与其约定，我来召你时，必定要以符节作为凭证。这天正值江水暴涨，楚昭王派人去召她，但忘了把符节拿上。贞姜为了坚守信约，至死不肯离开渐台。等到使者回去取来符节，大水已淹没了渐台，贞姜便被淹没在狂涛巨澜之中。

以上这些具有贤德的妇人，都能够在动静之间，处处合乎义理。都能够在日常事务之中,事事合乎节度。她们劝勉自己的丈夫改正过失,守住自己洁净之身以坚守妇道。她们遵循礼仪行事,至死不背弃礼仪,确实值得后人效法。

解读

德貌言工,是做女子的四种基本德行。孝慈贞淑,为妇德;端庄静雅,为妇貌;温柔和婉,为妇言;勤劳恭顺,为妇工。礼义廉耻,是国家的四种基本纲常。所以《管子·牧民》说:"四维不张,国乃灭亡。"

《诗经·国风·鄘风》中有一首诗《相鼠》这样写道:"相鼠有体,人而无礼;人而无礼,胡不遄死?"你看那老鼠都有皮(体),做人怎能不讲礼?要是做人不讲礼,为何不去快快死?这首诗对丧失廉耻、不成体统的人予以痛斥。老鼠是丑陋的、令人厌恶的。国人想出了众多词语来表达对鼠辈的厌恶:贼眉鼠眼、獐眉鼠目、鼠目寸光等等。老鼠是如此为人所不齿,而《相鼠》用老鼠来说明讲礼仪守规矩的重要,把最丑的鼠类同庄严的礼仪相提并论,强烈的反差造成了令人震惊的效果:连老鼠这么丑陋的东西都皮毛俱全,而丧失了人之为人的价值和尊严的人则连老鼠都不如。仁义道德、礼义廉耻,实乃立国齐家做人的根本。

《秉礼篇》所推崇的"礼",在封建社会对于规范人们言行、维护社会秩序,确实起过重要作用。但如果将其推向极致,无疑又具有束缚压制女性、"以礼杀人"的一面:文中所讲述的"文伯之母,不踰门而见康子。齐华夫人,不易驷而从孝公"、"溧女哀子胥之馁,宁投溪而灭踪"、"宋伯姬,保傅不具不下堂,宁焚烈焰。楚贞姜,符节不来不应召,甘没狂澜"等内容即是例证。

在现代社会,封建礼教已失去其存在的社会基础。然而,如果用社会主义核心价值观为统领,对"四德"及"礼义廉耻"的具体内容进行现代转换,剥离其封建糟粕,将会使其蕴含着的"和谐"、"爱国"、"敬业"、"诚信"、"友善"等内容,在当代社会发挥其应有的价值。

智慧篇
原文

治安大道,固在丈夫。有智妇人,胜于男子。远大之谋,预思而可料。仓卒之变,泛应而不穷。求之闺阃①之中,是亦笄帼之杰②。

是故,齐姜醉晋文而命驾,卒成霸业。有缗③娠少康而出窦,遂致中兴。颜女识圣人之后必显,喻父择婿而祷尼丘。陈母知先世之德甚微,令子因④人以取侯爵。剪发留宾,知吾儿之志大。隔屏窥客,识子友之不凡。

杨敞妻促夫出而定策,以立一代之君。周顗⑤母因客至而当垆,能具百人之食。晏御扬扬,妻耻之而令夫致贵。宁歌浩浩,姬识之而喻相尊贤。徒读父书,如赵括之不可将。独闻妾恸,识文伯之不好贤。

樊女笑楚相之蔽贤,终举贤而安万乘。漂母哀王孙而进食,后封王以报千金。乐羊子能听妻谏以成名,宁宸濠不用妇言而亡国。

陶答子妻，畏夫之富盛而避祸，乃保幼以养姑。周才美妇，惧翁之横肆而辞荣，独全身以免子。漆室处女，不绩其麻而忧鲁国。巴家寡妇，能捐己产而保乡民。

凡此皆女子嘉猷⑥，妇人之明识。诚可谓知人免难，保家国而助夫子者欤。

注释

①闺阃（guī kǔn）：宫院或后宫、内室，亦特指女子居住的地方。②笄（jī）：古代汉族女子用以装饰发耳的一种簪子，用来插住挽起的头发，或插住帽子。曾在河姆渡遗址出土。在古代，汉族女子十五岁称为"及笄"，也称"笄年"。帏（wéi）：帐子，幔幕。笄帏之杰：女中豪杰。③缗（mín）：姓。夏王相的妻子，"少康中兴"中少康的母亲缗氏。④因：依靠、凭借，如"因人成事者"（《史记·平原君虞卿列传》）。⑤顗（yǐ）：安静、庄重恭谨的样子，多用于人名。⑥嘉猷（jiā yóu）：治国良策。

译文

治理国家、安抚天下的大道，固然应该是男子所为，但有智慧的女子，往往胜过男子。她们有远大的谋略，当事情尚未到来之时，就能够加以预测。等到事情来临，她们便能够在匆忙中全面掌控局势，从而沉着地应对事物的变化。这些女子虽然生在深闺，却是女中豪杰。

　　周朝的晋文公，逃难到齐国时娶齐桓公女儿为妻，便乐得忘记回国。他的夫人齐姜就把他灌醉，急召人将他护送回国。回国后，他励精图治，成就了霸业。夏朝寒浞（zhuó）杀了夏帝相后篡位，帝相的妃子有缗氏正有孕在身，躲进了墙洞得以不死，逃回娘家后生下了儿子少康。后来少康起兵，灭掉寒浞，成为夏朝中兴的帝王。孔子的父亲叔梁纥丧妻后想再娶，颜氏家的小女认定其将来必定大有作为，便告诉自己的父亲，同意嫁给叔梁纥为妻。由于担心叔梁纥老来无子，便祷告于尼丘山神，而后生下仲尼。秦末时天下大乱，由于陈婴平时表现得很有才干，众人就想立他为君王。他的母亲觉得儿子没有担当此重任的才德，因而叫儿子帮助其他的君主成事，成事后便可封侯。后来陈婴归汉，果然被封为堂邑侯。晋朝的陶侃，虽家境贫寒，但胸有大志。有一天朋友范逵来家做客。陶侃母亲便剪了自己的头发卖了后买菜；又把她自己床上的草垫子拿来剉碎，喂客人的马匹。客人范逵感叹道："非此母，不生此子。"唐朝的房玄龄拜文中子王通为师，他的同门都是当时的名士，并经常到他家聚会。他母亲在围屏后面观看后说："儿子的朋友都是国家之栋梁。"到了唐太宗时，房玄龄和他的一帮朋友果然都做了卿相。

　　汉代的昌邑王昏庸无道，大将军霍光想要废除他，另立宣帝。霍光便到丞相杨敞家议事。杨敞既年老又懦弱，竟然吓得发抖并退到内室。他夫人催促他快点出去以商议废昏立明之大计，否则将面临被灭族之危险。杨敞于是才出去与霍光商议立宣帝之事。晋朝吏部尚书周顗的父亲周浚，年轻时出门打猎遇上了大雨，在李家避雨。当时李父出门、李母生病。李家女儿便与一婢一仆杀猪做饭，结果够百人食用且十分丰盛。周浚看到李女如此能干，后来就娶她为妾，生下了周顗。有个给齐国宰相晏平仲驾车的人，有一天驾车经过自家门口时，露出扬扬得意之态，他妻子看见后很是不满，等他回家后说："晏子身为宰相还那么谦恭，而你作为一个驾车的，却如此轻狂。"驾车人听了妻子的一番话后，便开始谦恭好学起来，后来做了大夫。齐桓公出游，见宁戚在唱歌。齐桓公知道他是个贤明之人，便派管仲去迎接。宁戚唱道："浩浩乎白水。"管仲不解其意，其妻听了则说："宁戚想为国请命！"后来桓公任命宁戚为相，结果齐国大治。赵国的将官赵奢善于用兵，其死后，赵王启用赵奢的儿子赵括为将去抵挡秦兵。赵括的母亲请见赵王，说儿子赵括只是白白读了他父亲的兵书，只会纸上谈兵，万万不可启用他为将。赵王不听，后来赵括果然大败。鲁国的公父文伯死后，他的妻妾们悲痛万分，竟然还有上吊殉死的。他的母亲见了则不高兴地说："我的儿子身为鲁国的宰相，死后前来吊丧的贤士大夫们，脸上竟没有悲伤的表情，这说明他只钟爱妻妾，而并不喜好贤明人士。"

樊姬对楚庄王说："虞丘子为相，虽贤却不忠。因为他辅佐你十年，没有举荐一位贤士。"楚庄王将此话告诉了虞丘子，虞丘子醒悟后便去寻求并举荐贤人，后来楚国得以大治。韩信早年在淮水上钓鱼，一位漂洗丝棉絮的老妇人，经常给他食物吃。韩信感激地说："我将来发达后，一定要报答您的恩情。"老妇人说："我是可怜你贫穷，哪里指望你报答。"后来韩信帮助刘邦破楚被封为齐王，真的用千金去报答了那位曾经有恩于他的老妇人。乐羊子出外求学，没多久就回来了。其妻问他为什么回来，他说："因为太思念你了。"妻子听了此话后，立即拿起一把剪刀将正在织的布的机头剪断了，说："求学就像织布一样，半途而废就等于前功尽弃。"乐羊子深受启发，又继续去求学，多年后终于成为大儒。明代的宁王朱宸濠想要谋反，其妻屡次劝说无效。后来举兵谋反，被王守仁击败。他临死前悔恨地说："纣王是听信妇人之言亡国的，而我则是不听信妇人之言亡国的。"齐国的陶答子，做官贪赃。他的妻子抱着幼小的儿子哭泣着说："德行不高却身担大任，没有功劳却家庭富裕，以后会遭报应的。"她婆婆嫌她说话不吉利，就将她赶出了家门，她便带着幼子一起生活。后来陶答子被强盗所杀，其妻子便与幼子一起回来奉养婆婆。明代的太守周才美，其父亲常常依仗着才美的权势而横行乡里，才美的妻子说："丈夫已经很显贵了，公公还如此仗势贪财，祸患离我们不远了。"后来周才美带领全家去上任，唯有妻子和幼子没有一同前往。后来她的公婆、丈夫等人因为翻船事故都死在江中，唯有她和幼子得以免祸。鲁国有个漆室处女，天天不织布并唉声叹气。邻居问她是否因为没有出嫁而忧愁。她说是因为担心鲁国国君已老，太子还年幼。在她看来，国事与每个人都相关。秦始皇时要派一万人修筑万里长城，巴蜀有个寡妇上书，愿意捐献所有家财，雇人修筑附近的边城，以免除万人的劳役。

以上所说的女子，都具有超人的智慧、高明的见识。既善解人意，又能够帮助他人排解难题，在保家卫国时能够助丈夫以一臂之力。

解读

《智慧篇》主要是对为国、为家贡献聪明才智的女子的赞颂。此篇内容涉及典故颇多，在此对其中一个典故做一简要解说。

春秋战国时期，齐桓公能够成就霸业，在于他能网罗天下贤才，宽以待人，对人才不求全责备。得管仲是如此，得宁戚也是如此。宁戚是当时齐国的一无名之士，虽胸怀治国安邦之志，却苦于无法见到桓公，于是便于一日装扮成赶牛车的人，将车停在当时齐国的东门外，以期桓公出行时能注意到他。不多久，桓公果然出宫行走，宁戚见桓公的车行近自己身边，便用一物敲打着牛角开始悲歌："浩浩乎白水！"桓公觉得歌声悲戚，却不解其意，便叫管仲询问此人所唱为何意。岂料管仲也不解其意，并被这句话困扰着连续五日没有上朝，整天冥思苦想这句话的含义。

管仲之妾婧见此状后便问原因，管仲说了事情的原委。妾婧听后笑着说："他已经把自己的想法明确地告诉你啦，你怎么就没有听出来呢？"管仲便问其故。妾婧说："《诗经》里面不是有这样的诗句吗？'浩浩白水，儵儵之鱼。君来召我，我将安居。国家未定，从我焉如？'宁戚是把自己比做一条悠游之鱼，希望君王能把他钓上岸，用他之才治天下呀！"妾婧见管仲沉吟不语又说："单丝难成线，独木难成林。相爷，你殚精竭虑，为国操劳，也该有个人做你的左膀右臂，为你分担责任与烦忧了。"一番话让管仲茅塞顿开，第二日便面见齐桓公，把宁戚之意告之，并为宁戚修建官府，与宁戚共同治理齐国，助齐桓公成就了霸业。虽然说齐桓公成就霸业主要得力于管仲、宁戚的鼎力相助，但无疑也得力于聪慧的才女妾婧对管仲的点拨和启发。

《智慧篇》中所讲述的古代女子的超人智慧，表现在方方面面：忧国忧民的情怀、高屋建瓴的灼见、明察秋毫的预测、敢于担当的胆识、亲力亲为的敬业、慷慨解囊的大气，的确值得今人学习。

勤俭篇

原文

勤者，女之职。俭者，富之基。勤而不俭，枉劳其身。俭而不勤，甘受其苦。俭以益勤之有余，勤以补俭之不足。若夫贵而能勤，则身劳而教以成。富而能俭，则守约而家日兴。

是以明德以太后之尊，犹披大练。穆姜以上卿之母，尚事纫麻。《葛覃》[①]《卷耳》[②]，咏后妃之贤劳。《采蘩》《采苹》，述夫人之恭俭。

《七月》之章，半言女职。五噫之咏，实赖妻贤。仲子辞三公之贵，已织屦而妻辟纑[③]。少君却万贯之妆，共挽车而自出汲。

是皆身执勤劳，躬行节俭。扬芳誉于诗书，播令名于史册者也，女其勖[④]诸。

注释

①《葛覃》：《诗经·周南》中的一篇。葛为多年生草本植物，花紫红色，茎可做绳，纤维可织葛布，俗称夏布，其藤蔓亦可制鞋，即葛屦，夏天穿用。覃（tán）本指延长之意，此指蔓生之

藤。②《卷耳》：《诗经·周南》中的一篇。卷耳是野菜名，又叫苍耳。③纑（lú）：绩麻，纺织麻线。④勖（xù）：勉励。

译文

勤劳是女子的本分，节俭是富足的根基。勤劳而不节俭，则白费力气。节俭而不勤劳，只能甘受穷苦。节俭有益于勤劳，勤劳能够弥补节俭的不足，二者相辅相成。如果已经身处高贵还能够勤劳，这就是以身为教。如果已经富足还能够节俭，那么家庭的开支自然不致奢华，家道自然兴盛。

明德太后，生性俭朴，在宫里常常穿着粗糙朴实的衣服。（《后汉书·马皇后纪》："常衣大练，裙不加缘。"）穆姜是鲁国上卿公父文伯的母亲，身份如此高贵却坚持自己织布。《葛覃》和《卷耳》的诗篇，都是歌颂后妃勤劳贤惠的德行。《采蘩》和《采苹》的诗篇，都是赞美妇人身处尊位却勤劳节俭的美德。

《诗经·豳风·七月》这首诗，说的是大家闺秀或贵妇人不辞劳苦，亲自去做农桑之事。汉代梁鸿咏唱着《五噫歌》以逃避乱世，他的成就主要依赖于妻子孟光的勤劳和贤惠。战国时的齐王，想封陈仲子为相，陈不肯受命，便逃到于陵，靠妻子纺织麻线，自己编织草鞋为生。桓少君是汉朝鲍宣的妻子，出嫁时父亲给她的陪嫁甚丰。少君却将婢仆和嫁妆都还给娘家，身穿布裙与丈夫一起乘坐鹿车回到婆家，拜见公婆后，便提着水桶去河边打水去了。

以上所说的这些女子，都是勤劳节俭的典范。她们

的美名载于诗书而流芳百世。| 值得所有女子学习。

解读

《勤俭篇》主要是赞颂古代女子勤劳节俭的美德，这种美德实乃有助于睦家兴国。

古人说："俭，德之共也；侈，恶之大也。"（《左传·庄公二十四年》）历览前贤国与家，成由勤俭破由奢。勤劳节俭是中国人的传统美德，小到一个人、一个家庭，大到一个国家、整个人类，要想生存发展，都离不开勤俭。诸葛亮把"静以修身，俭以养德"作为修身之道；朱柏庐将"一粥一饭，当思来之不易；半丝半缕，恒念物力维艰"当作"齐家"之训。

朱元璋的故乡凤阳，至今还流传着四菜一汤的歌谣："皇帝请客，四菜一汤。萝卜韭菜，着实甜香。小葱豆腐，意义深长。一清二白，贪官心慌。"朱元璋的清廉，无疑得益于马皇后的提醒和劝谏。

民间还流传着一个有关勤俭的故事。从前，在中原的伏牛山下，住着一个叫吴成的农民，他一生勤俭持家，日子过得无忧无虑。临终前，他把一块写有"勤俭"两字的横匾交给两个儿子，告诫他们："你们要想一辈子不受饥挨饿，就一定要照这两个字去做。"后来，兄弟俩分家时，将匾一锯两半，老大分得一个"勤"字，老二分得一个"俭"字。

老大把"勤"字恭恭敬敬高悬家中，每天"日出而作，日落而息"。虽然年年五谷丰登，然而他的妻子却大手大脚，孩子们常常将白馍吃了两口就扔掉,久而久之,家里就没有一点余粮。老二也把"俭"字当作"神谕"供奉中堂。由于他不肯勤劳耕作,每年尽管一家几口节衣缩食、省吃俭用,也难以维持生计。这一年遇上大旱,老大、老二家中都早已是空空如也。他俩情急之下扯下字匾,将"勤""俭"二字踩碎在地。此时,突然从窗外飞进一张纸条,只见上面写着:"只勤不俭,好比端个没底的碗;只俭不勤,坐吃山空定要挨饿受穷!"此时兄弟俩恍然大悟:勤、俭二字原来不能分家,缺一不可,相辅相成。于是,他俩将"勤俭"二字各自贴在自家门上,提醒自己,告诫妻室儿女,身体力行,此后日子越过越好。

才德篇
原文

男子有德便是才，斯言犹可。女子无才便是德，此语殊非。盖不知才德之经，与邪正之辩也。夫德以达才，才以成德。故女子之有德者，固不必有才。而有才者，必贵乎有德。德本而才末，固理之宜然。若夫为不善，非才之罪也。

故经济之才，妇言犹可用。而邪僻之艺，男子亦非宜。《礼》曰：奸声乱色，不留聪明。淫乐慝礼①，不役心志。君子之教子也，独不可以训女乎？

古者后妃夫人，以逮庶妾匹妇，莫不知诗，岂皆无德者欤？末世妒妇淫女，及乎悍妇泼媪②，大悖于礼，岂尽有才者耶？曷观齐妃有鸡鸣之诗，郑女有雁弋③之警。缇萦上章以救父，肉刑用除。徐惠谏疏以匡君，穷兵遂止。宣文之授周礼，六官之巨典以明。大家之续《汉书》，一代之鸿章以备。

《孝经》著于陈妻,《论语》成于宋氏。《女诫》作于曹昭,《内训》出于仁孝。敬姜纺绩而教子,言标左氏之章。苏蕙织字以致夫,诗制回文之锦。柳下惠之妻,能谥其夫。汉伏氏之女,传经于帝。

信宫闺之懿范,诚女学之芳规也。由是观之,则女子之知书识字,达理通经,名誉著乎当时,才美扬乎后世,亶④其然哉。

若夫淫佚之书,不入于门。邪僻之言,不闻于耳。在父兄者,能思患而预防之,则养正以毓⑤其才,师古以成其德,始为尽善而兼美矣。

注释

①慝礼(tè lǐ):不正之礼,歪礼,邪礼。②媪(ǎo):老妇人的通称;称谓母亲;指已婚妇女;亦指地神。③弋(yì):射。用生丝做绳,系在箭上射鸟。④亶(dǎn):实在,诚然。⑤毓:同"育"。

译文

男子有德便是才,此话还说得过去。女子无才便是德,此话就说得不对了。说此话是因为不懂得才与德、邪与正的真正含义和它们之间的真实关系。应以德来达到才,以才来成就德。所以,有德的女子不一定非要有才。但有才的女子必定要有德才好。因为女子以有无德性为重,至于才能,不是必须计较的。德为本,才为末,是理所当然。如果有才无德的人做坏事,并非是才的罪过,而是他自己缺少德性。

因此,只要是有治国安民的才能,即使是妇人,也应该重用。如果是那种歪门邪道之才,即使是男子,也是不合时宜的。《礼》说:"耳朵不听邪恶的声音,眼睛不看淫乱的东西。不能让淫邪的音乐和不正的歪礼,役使人们的心灵和志向。"以上这些君子用来教育男子遵守礼义的话,为什么不可以用来教育女子呢?

古代后妃夫人以及一般人家的妻妾,知书达理,难道这能说是"女子有才便无德"吗?当今一些妒忌的妇人、淫乱的女子,以及那些泼妇悍妇,她们目不识丁,却欺凌丈夫,虐待公婆,背离义理,难道这能说是"女子无才便是德"吗?《诗经·齐风·鸡鸣》写道:"齐国的贵妃对齐君说,公鸡已经叫了,上朝的官员已经到了,赶快起来上朝吧。"《诗经·郑风·女曰鸡鸣》说的是,郑国的一个女子在鸡叫时叫醒丈夫起床用箭去射野鸭和大雁,否则,天一亮野鸭和大雁都要起飞了。缇萦是汉代太仓令淳于意的女儿,上奏甘替父受刑罚,汉文帝赞许她的孝心,不仅免除了她父亲的罪名,而且把肉刑的律法也废除了。唐太宗末年,想再去征伐高句丽。他的淑妃徐惠上了一篇奏疏,劝谏国君不要穷兵黩武去讨伐路途遥远的国度,从而耗费国力民力。唐太宗接受了她的劝谏,于是便停止了对高句丽的征伐。晋朝前秦苻坚时,因为《周礼》一书残缺不全,所以没有人能够通晓。因太常寺韦逞母亲的宋氏家族世代习学《周礼》,苻坚曾令学生一百二十人从她受业,使周官学得以彰明流传,并封她为"宣文君"。后汉时班固的妹妹班昭,当时号称"曹大家",接替兄长完成了《汉书》这部鸿篇巨制。

唐朝陈邈的妻子郑氏,作《女孝经》,女尚宫宋氏作《女论语》。曹昭(班昭)作《女诫》,明成祖仁孝文皇后徐氏作《内训》。敬姜富贵而不忘本,以纺绩教育儿子不求安逸,励精图治。其言辞记载在左丘明的《国语》之中。东晋时秦国的窦滔,镇守襄阳,有外室后很久没有回家。妻子苏蕙织了锦字回文诗寄给他。窦滔看了妻子写的诗后,当即辞官回家。周朝鲁国的柳下惠去世了,其妻认为没有人比她更了解丈夫的德行。于是做祭文一篇,结果门人无法改动一字,遂谥号为"惠"。汉文帝时,《尚书》残缺,儒生伏氏通晓《尚书》,但年过九十,手不能写字,其十三岁的孙女懂得祖父的语言且又能书写。汉文帝就叫伏生言说,孙女记录,书写完成后交付给文帝,《尚书》才得以传世。

以上所说的这些才女,确实拥有女德的典范、女学的标准。由此可见,这些女子识字通经、知书达理。其美名誉满当世，其才华传扬于后世。确实如此！

做父亲和兄长的要懂得如何教养女儿和妹妹，不能把那些淫乱的书籍拿进闺门给女子看，不能让她们听见那些邪恶的声音。如果事先做到了这些，女子就能够修身正心并培育其才能，效法古人的贤淑而成就其德性。这样一来，自然就才德双全，尽善尽美了。

解读

《才德篇》主要是论说女子应该德才兼备的道理。该篇引用了很多关于女子才德双全的典故，下面就"苏蕙织字以致夫，诗制回文之锦"的典故，做一解说。

苏蕙是魏晋三大才女之一，是一种诗体"回文诗"的集大成者，但传世之作仅有一幅用不同颜色的丝线绣制织锦的《璇玑图》。据《晋书·列女传》记载，苏蕙是始平（今陕西武功县）人，名蕙字若兰，是陈留县令苏道质的三姑娘。若兰从小天资聪慧，三岁学字，五岁学诗，七岁学画，九岁学绣，十二岁学织锦。及笄之年，已是姿容美艳的书香闺秀，文采斐然。当时提亲的人络绎不绝，但在她看来大多都是庸碌之辈，后来嫁给了秦州刺史窦滔。谁知这窦滔将军，生来一介武夫，无法欣赏文才诗意。对此，苏蕙大失所望，因而也愈加郁郁寡欢。窦滔起初还能依顺着她，但后来窦滔遇到了歌妓赵氏，便娶为偏房。赵氏不但能歌善舞，而且娇媚可人，引得窦滔对她宠爱有加，对妻子也就越来越冷淡了。

后来，窦滔奉命出镇襄阳，只带着赵氏赴任。苏蕙在家只好日夜用吟诗作文来排遣孤寂的时光。她每天都写几首思念诗，年复一年竟写成近八千首。一天，她心不在焉地把玩着一只精巧的小茶壶，壶身上绕着圈刻了一圈字，即"可以清心也"。她玩着玩着，忽然发现这五个字不论从哪个字开始读，都可以成一句颇有意趣的话。于是灵感顿至，她设想可以利用这种巧妙的文字现象，来构成一些奇特的诗文。于是，她花费了几个月的时间，把诗织在锦缎上，这幅锦缎长宽都是八寸，上面织有八百四十一个字，分成二十九行，每行也恰好是二十九个字，每个字纵横对齐。这些文字五彩相间，纵横反复都成章句，里面藏着无数首各种体裁的诗，诗文暗寓着她对丈夫的思念之情。苏蕙把这幅锦缎命名为"璇玑图"，璇玑，原意是指天上的北斗星，之所以取名璇玑是指这幅图上的文字，排列像天上的星辰一样玄妙而有致，知之者可识，不知者望之茫然。《璇玑图》织好后，苏蕙派人送往襄阳交给窦滔。窦滔身边的人见了此图，都不解其中之意。而对诗文不甚通晓的窦滔，捧着《璇玑图》，反复查看，细细体味，竟然读懂了妻子暗寓在诗中的款款深情，当即，窦滔便辞官回家，从此以后夫妻恩爱有加。可见，古代德才兼备的女子是受人尊重的，家庭生活是幸福的。

　　《才德篇》对"才德"关系进行了辩证厘析，批评了"女子无才便是德"的古谚，论述了德才兼备的可能性和必要性，实属难能可贵。

后 记

《〈女四书〉读本》的写作，参考了清初学者王相笺注的《女四书·女孝经》（中国华侨出版社2011年版）、清代沈朱坤译注的《女四书白话解》（中国华侨出版社2012年版）。对这两位先生在中国传统女德的研究、介绍和传播方面所做出的贡献，表示由衷的敬佩！

该书的写作还参考了学界和民间的一些学者和践行者研究、弘扬传统文化的成果，在此表示衷心的感谢！

该书的写作得到了中国社会科学院赵法生教授的指点和支持，在此致以由衷的谢意！

该书的出版还得到了中国人民大学出版社的大力支持，翟江虹、刘静老师为此付出了宝贵心血，在此一并感谢！

虽然尽了最大努力，但由于时间仓促和本人才疏学浅，再加上通俗著作的写作尚属首次，因此呈现在读者面前的这部书稿，错谬浅陋之处在所难免。在此，敬请读者批评指正。

郭淑新

丙申年春于芜湖文津花园寓所

图书在版编目（CIP）数据

《女四书》读本 / 郭淑新编著. —北京：中国人民大学出版社，2016.9
（大众儒学经典）
ISBN 978-7-300-23061-0

Ⅰ.①女… Ⅱ.①郭… Ⅲ.①女性-修养-中国-古代-通俗读物 Ⅳ.①B825-49

中国版本图书馆 CIP 数据核字（2016）第 145728 号

大众儒学经典
《女四书》读本
郭淑新　编著
《Nüsishu》Duben

出版发行	中国人民大学出版社		
社　　址	北京中关村大街 31 号	邮政编码	100080
电　　话	010-62511242（总编室）	010-62511770（质管部）	
	010-82501766（邮购部）	010-62514148（门市部）	
	010-62515195（发行公司）	010-62515275（盗版举报）	
网　　址	http://www.crup.com.cn		
	http://www.ttrnet.com（人大教研网）		
经　　销	新华书店		
印　　刷	涿州市星河印刷有限公司		
规　　格	148 mm×210 mm　32 开本	版　次	2016 年 9 月第 1 版
印　　张	8.375	印　次	2016 年 11 月第 2 次印刷
字　　数	155 000	定　价	25.00 元

版权所有　侵权必究　印装差错　负责调换